"十三五"国家重点图书出版规划项目
改革发展项目库2017年入库项目

"金土地"新农村书系·特种养殖编

泥鳅

生态养殖技术

杨菲菲　熊家军　吴桂香/编著

SPM 南方出版传媒

广东科技出版社 | 全国优秀出版社

·广州·

图书在版编目（CIP）数据

泥鳅生态养殖技术 / 杨菲菲，熊家军，吴桂香编著. —广州：广东科技出版社，2018.6（2019.11重印）

（"金土地"新农村书系·特种养殖编）

ISBN 978-7-5359-6856-2

Ⅰ.①泥…　Ⅱ.①杨…②熊…③吴　Ⅲ.①泥鳅—淡水养殖　Ⅳ.① S966.4

中国版本图书馆 CIP 数据核字（2018）第 017416 号

泥鳅生态养殖技术
Niqiu Shengtai Yangzhi Jishu

责任编辑：尉义明
封面设计：柳国雄
责任校对：蒋鸣亚
责任印制：彭海波
出版发行：广东科技出版社
　　　　　（广州市环市东路水荫路 11 号　邮政编码：510075）
http://www.gdstp.com.cn
E-mail：gdkjyxb@gdstp.com.cn（营销）
E-mail：gdkjzbb@gdstp.com.cn（编务室）
经　　销：广东新华发行集团股份有限公司
排　　版：创溢文化
印　　刷：广东鹏腾宇文化创新有限公司
　　　　　（珠海市高新区唐家湾镇科技九路 88 号 10 栋　邮政编码：519085）
规　　格：889mm×1 194mm　1/32　印张 6.5　字数 175 千
版　　次：2018 年 6 月第 1 版
　　　　　2019 年 11 月第 2 次印刷
定　　价：19.80 元

如发现因印装质量问题影响阅读，请与承印厂联系调换。

内容简介

Neirongjianjie

　　本书以泥鳅健康生态养殖为核心，从泥鳅的经济价值、养殖的现状及其发展前景、生物学特性、养殖场的建造、营养需求及饲料、人工繁殖技术、苗种培育技术、常见养殖模式技术要点、养殖水体环境监控与日常管理、捕捉与运输、主要病害及防治等方面系统详细介绍了泥鳅养殖技术。

　　本书内容系统、全面、实用，语言通俗易懂，技术指导性强、可操作性强，既可满足广大养殖专业户和广大农民学习泥鳅养殖新技术的需要，也可供基层水产科研人员和教学工作者参考。

随着我国水产养殖生产结构的不断调整，以健康、安全为目标，市场需求为导向，积极发展名特优水产养殖业的热潮已兴起。

近年来，受市场需求的刺激，群众性的泥鳅人工养殖已渐成规模，从养殖模式、养殖技术、繁育苗种、饲料配合和病虫害的防治技术均有较大的突破，极大地促进了我国泥鳅养殖业的发展。但当前绝大部分泥鳅养殖户仍凭经验养殖，设施设备简陋，没有掌握科学的饲养方法，技术水平低，疾病频发，大量用药使得泥鳅成品质量得不到保证，单位水面产量低，未能获取应有的经济效益，一方面打击了养殖户的养殖积极性，另一方面造成了市场供应紧张的局面，不利于泥鳅养殖业的健康发展。

为了帮助广大养殖户提高技术水平，科学养鳅，向市场提供优质安全的泥鳅，满足人们的需求，笔者根据多年来从事泥鳅研究的实践经验，结合国内外泥鳅养殖发展现状和取得的技术进步，吸收了同行在养泥鳅过程中取得的成功经验和失败教训，经过精心组织，以泥鳅健康生态养殖技术为核心，编撰了此书。

本书在编写过程中得到了许多同仁的关心和支持，在书中引用了一些专家、学者的研究成果和相关书刊资料，在此一并表示诚挚的感谢。由于编写时间仓促，编者自身水平有限，疏漏和不妥之处在所难免，恳请广大读者批评指正。

一、概　　述

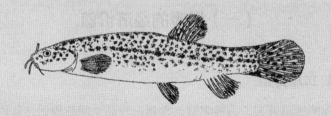

泥鳅，俗称鳅、鳅鱼，肉质细嫩，味道鲜美，营养丰富，为国内外消费者所喜爱的美味佳肴。泥鳅在我国分布较广，天然产量较大。泥鳅为高蛋白、低脂肪类型的水产营养食品，素有"水中人参"之称，具有较高的药用价值。野外泥鳅捕捉量过大，导致野外资源越来越贫乏。近几年，由于市场上需求量日益扩大。为了满足市场需求，泥鳅的人工养殖势在必行，可喜的是现在我国泥鳅养殖已经得到很大的发展，人工养殖的产量也达到一个新的水平。泥鳅作为特种水产养殖的一个重要品种，具有适应性强、疾病发生少、成活率高等特点，且一年四季均可上市，销路不愁。目前泥鳅养殖已由苗种到成鳅单一养殖方式发展为与菱角、莲藕等水生植物种植混养的生态高效养殖方式，养殖效益稳步提高。

（一）泥鳅的经济价值

1. 食用价值

泥鳅味道鲜美，营养丰富，含蛋白较高、脂肪较低，是消费者喜爱的美味佳肴，符合现代营养学要求，素有"天上的斑鸠，地下的泥鳅"之美誉。泥鳅既味美又滋补，还易获得，价廉物美。泥鳅的可食部分占整个鱼体的 80% 左右，高于一般淡水鱼类。经测定，泥鳅每 100 克肉中含有蛋白质 17.6 克、脂肪 2.3 克、碳水化合物 2.5 克、灰分 1.1 克、钙 51 毫克、磷 154 毫克、铁 3 毫克、硫黄素 0.08 毫克、核黄素 0.16 毫克、尼克酸 5 毫克、热量 4 912 千焦，还含维生素 A 70 国际单位，维生素 B_1 30 微克，维生素 B_2 440 微克。此外，还含有较高的不饱和脂肪酸。泥鳅与其他数种水产品的主要营养成分相比，结果见表 1，泥鳅肌肉中的氨基酸和必需氨基酸含量比较高，与其他水产品相比结果见表 2，泥鳅肌肉中的鲜味氨基酸含量较高，与其他水产品相比结果见表3。

表1 泥鳅与数种水产品的主要营养成分比较（每100克肉中含量）

成分	水分/克	蛋白质/克	脂肪/克	灰分/克	钙/毫克	磷/毫克	铁/毫克	维生素A/国际单位	热量/千焦
泥鳅	78.2	17.6	2.3	1.1	51	154	3	70	4 912
河蟹	71	14	5.9	1.8	129	145	13	5 960	582
中华鳖	79.3	17.3	4	0.7	15	94	2.5	20	439
青虾	81.0	16.4	1.3	1.2	99	205	1.3	260	327.6
鳜鱼	77.1	18.5	3.5	1.1	79	143	0.7	未检	435
鲫鱼	80.3	15.7	1.6	1.8	54	203	2.5	未检	259
鲤鱼	79	16.5	2	1.1	23	176	1.3	140	368
带鱼	73	15.9	3.4	1.1	48	204	2.3	未检	418
大鳞副泥鳅	78.8	17.4	2.57	1.13	未检	未检	未检	未检	未检

表2 泥鳅与其他水产品的氨基酸含量比较 （%）

名称	泥鳅	鲢鱼	鳙鱼	草鱼	青鱼	团头鲂	鲫鱼	鲤鱼
氨基酸总量	16.11	14.79	14.98	12.37	14.04	16.46	13.94	15.01
必需氨基酸总量	7.02	5.64	5.96	4.97	5.68	6.49	5.58	6.04

表3 泥鳅与其他水产品的鲜味氨基酸含量比较 （%）

氨基酸	泥鳅	斑点叉尾	鲇鱼	黄颡鱼	胡子鲇
谷氨酸	2.73	2.71	2.42	2.34	2.46
甘氨酸	0.85	0.75	0.59	0.65	0.63
天冬氨酸	1.93	1.86	1.53	1.50	1.59
丙氨酸	1.00	1.04	0.81	0.81	0.84
总和	6.51	6.36	5.35	5.39	5.52

从表1、表2、表3泥鳅的主要营养成分、氨基酸含量和鲜味氨基酸的含量与其他水产品的比较，不难看出，泥鳅的营养和鲜味丰富。

在食物的营养元素中，蛋白质是首要的，而蛋白质营养实质上就是氨基酸营养。氨基酸的组成与含量，尤其是10种人体必需氨基酸的含量高低与构成比较，就成为评定食物蛋白质营养价值的重

要指标。因此，我们可以这样认为：泥鳅的氨基酸总量高于大多数常规鱼类，同时氨基酸组成全面，人体必需氨基酸含量也高，且鲜味氨基酸含量也高于好几种名优鱼类。泥鳅不愧于"水中人参"之美称。

2. 药用价值

泥鳅肉或全体均可入药，药材名泥鳅。泥鳅身体之所以光滑是因为皮肤分泌的黏液即"泥鳅滑液"，有较好的抗菌消炎作用，用它和水饮用可治小便不通、热淋、痈肿，用它拌糖抹患处可治肿痛，如果滴在耳朵里还能治中耳炎。中医认为，泥鳅性甘味平，无毒，有补中气、祛湿邪的作用，常用于治疗传染性肝炎等疾病。《医学入门》中称它能"补中、止泄"。《本草纲目》中记载鳅鱼有暖中益气之功效，对解渴醒酒、利小便、壮阳、收痔都有一定功效，对肝炎、小儿盗汗、痔疮下坠、皮肤瘙痒、跌打损伤、手指疔疮、阳痿、腹水、乳痈等症均有良好的疗效。经现代医学临床验证，泥鳅是一种强身食品，采取泥鳅食疗，既能增加体内营养，又可补中益气、壮阳利尿，对儿童、年老体弱者、孕妇、哺乳期妇女及患有肝炎、高血压病、冠心病、贫血、溃疡病、结核病、皮肤瘙痒、痔疮、小儿盗汗、水肿、老年性糖尿病等引起的营养不良、病后虚弱、脑神经衰弱和手术后恢复期患者具有开胃、滋补等效用。现代医学还认为，经常吃泥鳅还可美容，防治眼病、感冒等。

（二）泥鳅养殖发展概况

泥鳅生命力较强，容易开展人工养殖。由于泥鳅能利用皮肤、肠道进行呼吸，对水的依赖性相对较小，所以特别适于在各种浅水水体如稻田、洼地、小塘坑及山区水源不足处养殖。泥鳅食性杂，饲料来源容易解决。泥鳅繁殖力较强，天然资源较丰富，因此苗种成本较低。泥鳅适应性强，分布广，这些优点都给泥鳅人工养殖带来极大的便利。

在国外泥鳅养殖的时间较长，尤以日本较早，已有 70 多年。早在 1944 年，日本川村智次郎采用脑下垂体制荷尔蒙激素注射液，应用于泥鳅的人工采卵，为养殖生产提供大批苗种开辟了新途径。而后，泥鳅的全人工养殖、规模养殖及泥鳅优良品种的选育等逐步发展，目前，泥鳅养殖已成为日本很有发展前景的水产养殖业。在朝鲜、俄罗斯和印度等地亦有泥鳅养殖。养殖泥鳅是投资少、方法简便、节省劳力、效益较高的生产方式。据报道，日本农民每年大规模利用空闲稻田养殖泥鳅，采用水稻、泥鳅轮作制，秋季平均每 100 米^2 水面中放养 200 千克泥鳅，投喂一些米糠、马铃薯渣、蔬菜渣等，第二年秋季可收获 400 千克泥鳅，而且养过泥鳅的稻田来年谷物产量更高。由此可见，泥鳅养殖具有明显的经济效益。

在我国，泥鳅以往多产于天然水域中，仅靠其自繁自育产量增长缓慢。我国泥鳅养殖始于 20 世纪 50 年代中期，但养殖进展缓慢。在 20 世纪 80 年代初期就有人利用野生资源开展了泥鳅的人工繁殖与养殖工作。与此同时，水产专家们也开展了泥鳅的繁殖与养殖技术研究，如对其性腺发育、胚胎发育、繁殖、池塘单混养、稻田养殖、水桶养殖等进行研究，但养殖面积较小。21 世纪初，随着人们消费水平的不断提高、市场需求量的增加及泥鳅自然产量的逐步下降，泥鳅产量已不能满足国内外市场需求。加上长期以来泥鳅苗种都是依靠收购的野生苗种，过度捕捞导致野生泥鳅的苗种资源日益枯竭。稻田养殖泥鳅是目前发展特种水产养殖的一条好途径。与稻田养殖其他水生动物一样，可以充分利用稻田生态条件，发挥稻田的利用价值，达到粮食增产、泥鳅丰收的规模经济效益。从目前的养殖技术水平看，庭院养殖泥鳅，经 120~150 天饲

养，即可增重 5~10 倍，达到上市规格，一般 100~200 米² 泥鳅池可产泥鳅 250~500 千克。泥鳅不仅在国内市场受欢迎，而且在国际市场上也是紧俏的商品，在日本和韩国尤受欢迎，在日本每年的需求量很大，而日本本国产量又严重不足，大部分都要从我国进口。近年来，随着渔业生产结构的调整和特种水产养殖业的兴起，泥鳅养殖受到各地的重视。特别是江苏省赣榆县墩尚镇，目前已经成为全国最大的泥鳅养殖和出口基地。江苏省赣榆县泥鳅养殖发展很快，面积不断扩大，2011 年仅墩尚镇泥鳅养殖面积就达到了 1 500 公顷，产量约 2 万吨，90% 以上出口韩国。墩尚镇成为名副其实的国际化泥鳅集散基地，泥鳅养殖促进了当地农民增收致富，同时也带动了全国的泥鳅养殖。泥鳅一直是连云港市农产品出口韩国的强势产品，近几年来，仅连云港市每年出口量基本维持在 3 000 吨左右。截至 2008 年，连云港共有 7 家企业获得对韩出口泥鳅资格，已成为全国最大的泥鳅养殖、集散地。泥鳅还通过我国港澳地区销往东南亚等地。湖北省科学技术厅和国家科技部连续 10 年加大对湖北省泥鳅繁养技术研究的投入，现在泥鳅产业化的技术瓶颈基本解决，包括泥鳅的选育技术、人工繁殖技术、大规格泥鳅苗种培育技术、泥鳅池塘养殖技术、泥鳅长途运输技术等相继取得突破。截至 2010 年，湖北省泥鳅繁养技术在全国处于领先地位，可以面向全国大规模供应人工繁殖的大规格泥鳅苗种，全国各地的养殖户和研究机构前来参观学习者络绎不绝。湖北省规模化繁殖泥鳅主要从 2006 年起步，当年繁殖泥鳅水花 1 亿尾，培育大规格泥鳅苗种 2 000 万尾；湖北省泥鳅规模化养殖也是从 2006 年开始起步，当年全省泥鳅池塘养殖面积约 1 000 亩（亩为废弃单位，1 亩 = 1/15 公顷 ≈ 666.67 米²）。随着几年泥鳅繁养殖技术在湖北省的推广，据统计，2011 年湖北省泥鳅池塘规模化养殖面积达到 10 000 亩以上，主要分布在天门、仙桃、潜江、荆州、武汉、荆门、孝感等地。但是，各地的发展速度仍不是很快，规模也不大，且各地发展不平衡。许多地方仍以天然捕捞为主，人工养殖仍处于次要地位。除部分专业户外，多数地区的泥鳅养殖仍以渔（农）户庭院或房前屋后的坑凼养殖较为普遍，随着野生资源的急剧减少，野生苗种已难满足大规模的生产，而泥鳅人工养殖的技术应用还不太普及，加上由于规模小、养殖户分散，产量和效益都受到了一定的限制，还不能满足目前国内外市场日益增长的需求。

（三）泥鳅养殖的发展前景

近年来，由于市场需求增加、农药大量使用及捕捞强度增大等因素。加之特种水产的兴起导致大量捕捉泥鳅作为饲料，泥鳅天然资源总的趋势是在减少。但是，市场需求却日益增长。从国内市场来看，由于泥鳅营养价值高，味道鲜美，我国居民尤其是南方人有喜食泥鳅的习惯，市场需求量较大，泥鳅已具有成熟的国内市场，因此，泥鳅的销售前景一直被看好。在国际市场上，泥鳅销路一直很好，特别是在日本更受欢迎。日本每年泥鳅的消费量 4 000 吨以上，其中有 2 500 吨左右要从我国和韩国等国家进口。由此可见，泥鳅在国内外市场的销售潜力都很大。如果我们在现有基础上增加科技和物质投入，扩大泥鳅养殖规模，实行苗种培育、成鳅养殖、泥鳅加工和销售一条龙配套，一定会取得可观的经济效益和社会效益。

（四）当前泥鳅养殖存在的问题与对策

1. 当前泥鳅养殖存在的问题

通过调查发现，泥鳅养殖存在的迫切需要解决的问题主要表现

在如下几个方面。

（1）投入成本较高

泥鳅养殖尤其是池塘单养，具有苗种放养密度大、饲料用量大的特点，现在仅每亩苗种成本就在 2 万元左右。如果赶上苗种和饲料价格上涨，在成品销售不变情况下，养殖效益就会大幅下降。

（2）苗种的质量与供应不稳定

首先，野生捕捞的泥鳅苗种质量不过关、数量不足。①泥鳅苗种鱼龙混杂、以次充好，如将生长速度慢、长不大的花鳅等泥鳅品种作为泥鳅苗种出售，养殖户辛辛苦苦一年下来，泥鳅增重都不到 1 倍，损失惨重，甚至有些养殖户为了减少亏损，把养了 1 年后长不大的泥鳅冒充泥鳅苗种出售。②目前泥鳅养殖苗种在较大程度上依赖野生资源，野生苗种一般采用药捕、电捕等对苗种伤害较大的捕捞方式收集，再经高密度暂养、长途运输这些环节，极易导致苗种体质下降，造成成鳅养殖的成活率低，且生长速度慢。③野生泥鳅生存环境的破坏致使野生资源越来越少，人工繁育苗种缺乏和良种选育的滞后，市场缺乏优质苗种，导致泥鳅苗种价格高位。

其次，大规格苗种培育成活率低，不能进行规模化生产。目前泥鳅人工苗种主要是供应泥鳅水花苗和夏花寸片，由于大规格苗种培育技术尚未成熟，导致从人工苗种到大规格苗种的成活率很低，许多养殖户外购拿回去进行养殖的风险非常大，即使是经过人工饲料驯化了的夏花寸片，也要在经过苗种培育试验后再考虑大量引种养殖，否则养殖风险会大大增加。

（3）养殖方式亟须调整

目前各地兴起泥鳅池塘高密度规模化养殖方式。虽然泥鳅具有适应性强、疾病发生少、成活率高等特点，但在当前野生苗种质量差、人工繁育的优质苗种数量少、苗种价格高、养殖成本不断提高和缺少优质可靠的泥鳅配合饲料的情况下，高密度集约化养殖方式的风险急剧上升。池塘高密度规模化养殖方式塘口面积小，池塘建造与防逃设施等费用高，高密度养殖常常导致增重倍数低，收获时成鳅商品规格小，很难养成 20~40 尾 / 千克的大泥鳅。另外，以前一些池塘高密度规模化养殖是以赚取地区差价、季节差价为目的，为方便集中销售而以暂养为主、养殖为辅的养殖方式。随着近年来泥鳅野生资源减少及差价越来越小，这种养殖方式已逐渐失去了它的优势。现阶段需要尽快做出调整，探索新的养殖方式，实行养殖方式的多元化来规避养殖风险。

（4）泥鳅专用配合饲料研制落后

由于泥鳅特殊的食性，天然饵料远不能满足规模化生产的需要，投喂优质、稳定的全价配合饲料是必然的选择。目前用于泥鳅养殖的全价配合饲料良莠不齐，质量不能保证。

（5）产品市场销售比较窄

一般外销为主，主要是由江苏连云港市赣榆区收购出口韩日市场，价格会受到压制。部分泥鳅产品兼顾国内大中城市消费市场。

2. 泥鳅养殖发展对策

做大做强泥鳅养殖，保持渔业产业环保与节约型优势，推进泥鳅养殖产业发展，苗种是前提，设施是基础，模式是关键，水质是难点，病害靠预防，生态是方向，努力打造泥鳅生态养殖基地和现代设施渔业高地，拓展农民增收致富的重要途径。

（1）加大泥鳅苗种繁育与育种的科研投入

随着养殖户的逐步增多及规模的扩大，苗种需求量会越来越大，现阶段人工苗种繁育技术还未完全掌握。以科研院所和苗种繁育场为支撑，加大科研投入，力争早日突破苗种生产技术瓶颈，实现泥鳅大规格苗种规模化生产，摆脱对野生苗种的依赖，解决苗种质量、数量和提高苗种成活率的问题。同时积极开展泥鳅的遗传育

种工作，选育适合本地气候条件、生长速度快、抗病力强的优质良种资源，通过实现规模化苗种培育，从而确保源源不断向市场提供优质苗种。

（2）推广泥鳅生态高效养殖模式，提升地方特色

采取有效措施，有效降低养殖风险，提高生产质量效益。在泥鳅池塘高密度规模化养殖模式下，养殖风险大大增加，因此积极探索泥鳅与四大家鱼或螃蟹套养、大面积池塘主养模式、绿色无公害的稻田养殖等模式，可大大降低苗种投放量、饵料投喂量，进行合理密度养殖以获取更大的增重倍数，从而降低饵料系数，提高商品泥鳅规格。充分利用农村的藕田、菱田、稻田等，进行泥鳅小苗到大规格苗种的培育，在不影响藕、菱、稻产量的情况下，生产大规格优质苗种，用于池塘精养或鱼池套养，力求用尽量低的养殖成本来规避养殖风险，创造最大效益。通过建立示范点、到现场观摩、听示范户介绍、举办多种形式的培训交流活动、总结推介成功典型等措施，示范推广种养结合的生态高效模式，不断提高从业人员的素质，实现养殖管理科学化、规范化，从而生产出无公害泥鳅产品。

（3）加速泥鳅全价配合饲料的研发

目前，质量可靠信得过的有关泥鳅苗种培育阶段人工开口料、驯食的稚鱼粉碎料、成鳅全价配合饲料市场上极为短缺，因此加强科研院所和饲料企业的合作，加大泥鳅专用料的研究与生产，为泥鳅规模养殖提供支撑。

（4）努力培植泥鳅销售市场，加大扶持力度

把分散的养殖户联合起来，及时交换市场需求信息。推进专业合作社申请直接出口销售，推行养殖标准化、生态健康养殖，促进泥鳅出口质量稳步提升，推动泥鳅养殖上规模、创品牌，同时开拓国内国外两个市场。政府有关部门应建立专项扶持政策，加大扶持

力度，将泥鳅规模养殖基地纳入现代渔业转型升级奖补范围，建立协调机制帮助解决养殖过程中出现的问题，促进泥鳅产业的健康发展，让泥鳅养殖为农民带来更多的实惠。

（五）泥鳅的健康养殖与无公害生产

泥鳅的健康养殖概念来源于水产品健康养殖，是应用新理论、新技术、新材料和新方法对传统养殖及其发展和延伸，在继承精华的基础上，进行完善、改造和高度的集成升级。因此，所养殖的水产品，从养殖环境、养殖过程和产品质量均符合国家或国际有关标准和规范的要求，并经认证合格、获得认证证书，被允许使用无公害农产品标志的水产品。

（1）健康养殖与无公害生产的必要性

环境污染和资源消耗是当今人类面临的危机与挑战。随着经济全球化和我国经济持续发展，环境和资源两个问题日益引起世人的关注，渔业环境和水资源所受影响首当其冲。

在现代生活中，随着现代化进程的加快，人们对水资源需求的日益增加，带来的是水污染程度的日趋严重，导致水资源短缺的环境问题日显突出。保护水资源和水环境是可持续发展战略的重要内容。水产养殖是以水为载体的渔业生产，传统的水产养殖对水资源的消耗量大，既带来养殖自污染，又排放大量的养殖废水污染环境，还加剧了对水域生态环境的破坏。因此，发展以水产养殖环境工程技术作依托的节水型无害化的工厂化养殖、生态养殖是21世纪水产养殖的方向。

据有关资料显示，我国90%的城市供水系统受到有机或工业废弃物的污染。同时，我国又是淡水资源短缺的国家，人均水资源占有量不足世界平均水平的1/4，加上分布又不均衡，于是加深了

水环境和水资源问题的严重性，这不仅直接影响到人们的生活和健康，还直接影响到水产品的质量。

此外，就水产养殖而言，由于投入的增加，养殖面积的扩大和产量的提高，还存在渔业环境的内污染问题。据调查，60%的精养池塘水质有机耗氧超标；湖、库、河渔业过度开发利用，自然生态环境恶化，危及自然资源的生存。目前，我国很多城郊良好的水源、水质难找，水质性缺水严重，并有向广袤的农村漫延的趋势。原有的养殖基地难以正常运行，鱼病流行严重，药物、化肥的大量使用，有害元素积累、超标，造成水产品突出的质量问题。

水产健康养殖就是要生产无公害、高质量的水产品，以满足人们对健康水产品的需求。我国加入 WTO 后，水产品质量问题已成为制约渔业发展和市场竞争力的主要问题之一。质量安全问题的存在不仅危害人们的生命健康，损害消费者的利益，而且影响水产品的市场竞争力和出口创汇，损害养殖者的经济效益和国际形象。

为了我国经济健康、持续发展，为了满足人们生活水平日益提高对高质量水产品的需求和生命安全，为了提高水产品的国内外市场竞争力和出口，为了新农村建设和创建全面小康社会，需要根据水产品的质量问题及其原因，运用已有的科学技术开展水产健康养殖和深入研究，其任务迫在眉睫。

经过 20 世纪 80 年代以来的科学研究和生产发展，水产健康养殖具有良好的理论与技术基础。在新理论上，有水域生态学、生态经济学和系统工程学等多学科的结合、交叉、渗透，使之用于水产养殖生态工程；在新技术上，有水环境的自然净化和人工湿地净化技术及育种的核移植技术、雌核发育技术、性别控制技术等；在新材料上，有营养全面、丰富的高质配合饲料和生物特异性、非特异性免疫增强剂等；在新方法上，有微机自动控制水质检测与调控方法、水质无害化处理方法和有益微生物增殖方法等。

根据以上理论、技术、材料和方法，结合各地环境和养殖条件的具体情况，将水产养殖业与大农业结合，开展水产健康养殖，谋求经济效益、社会效益和生态效益的统一，谋求资源的合理利用和各级产品的合理转化，不但产品是无公害的、安全的，而且不得对养殖水体内外环境造成危害。因而水产健康养殖方式是环境友好型、资源节约型和物资循环型的养殖方式，是我国水产养殖业的发展方向，也应是世界水产养殖业的发展方向。

（2）泥鳅健康养殖含义

我国水产养殖已有 2 000 年以上的历史，目前水产养殖产量居世界首位，占全世界养殖总产量的 2/3。当前随着人民生活水平不断提高，我国经济进入国际大循环，进入 21 世纪，人们对环境保护意识空前加强，消费心理也已经从数量型转变成质量型，国际、国内已对食品安全予以高度重视，不仅加强了对水产品药残的检测，而且以人为本，从人类健康出发，严格控制水产动物养殖中药物与饲料添加剂的使用，严格控制基因工程产品的安全性。所以，渔业经济发展的水平再也不能以产量高低作为衡量标准，更不能以牺牲环境、危害人类自身健康为代价。当前渔业经济的发展已进入以质量效益、人类和环境和谐共存为方向的新时代，因而传统渔业受到了极大的挑战，因此，人们逐渐认识到了问题的严重性，开始探索新的养殖模式、研究新的养殖技术和方法等来减轻养殖环境压力，维系水产养殖业的可持续发展，"健康养殖"这一概念被提出并付诸实施。泥鳅的健康养殖是无公害渔业的一个组成部分，所以只有明确无公害渔业的基本含义，方能正确地展开无公害泥鳅的养殖生产。目前，由于养殖环境污染、药物滥用等，造成水产品中有害物质积累，对人类产生毒害。所以，无公害渔业特别强调水产品中有毒有害物质残留检测。

实际上，无公害渔业还应包括如下含义：

①应是新理论、新技术、新材料、新方法在渔业上的高度集成。

②应是多种行业的组合，除渔业外，还可能包括种植业、畜牧业、林业、草业、饵料生物培养业、渔产品加工、运输及相应的工业等。

③应是经济、生态与社会效益并重，提倡在保护生态环境、保护人类健康的前提下发展渔业，从而达到生态效益与经济效益的统一，社会效益与经济效益的统一。

④应是重视资源的合理利用和转化，各级产品的合理利用与转化增值，把无效损失降低到最小限度。总之，无公害渔业应是一种健康渔业、安全渔业、可持续发展的渔业，同时也应是经济渔业、高效渔业，它必定是世界渔业的发展方向。无公害渔业既是传统渔业的一种延续，更是近代渔业的发展。

（3）泥鳅健康养殖基地的建立和管理

要进行无公害泥鳅生产，不仅应建立符合一系列规定的无公害泥鳅水产品基地，而且要有相应的无公害生产基地的管理措施，只有这样，方能保障无公害生产顺利进行，生产技术和产品质量不断提高，其产品才能有依据地进入国内外市场。无公害农副产品生产基地建立还刚刚开始，其管理方法也一定会随无公害生产科学技术的发展及市场要求而不断完善和提高。下面将泥鳅健康养殖基地管理的一般要求列举如下，以供参考。

①泥鳅健康养殖基地必须符合国家关于无公害农产品生产条件的相关标准要求，使泥鳅在养殖过程中有害或有毒物质含量或残留量控制在安全允许范围内。

②泥鳅健康养殖基地是按照国家及农业行业有关无公害食品水产养殖技术规范要求和规定建设的，应是具有一定规模和特色、技术含量和组织化程度高的水产品生产基地。

③泥鳅健康养殖基地的管理人员、技术人员和生产工人，应按照工作性质不同需要熟悉、掌握无公害生产的相关要求、生产技术及有关科学技术的进展信息，使健康养殖基地生产水平获得不断发展和提高。

④泥鳅健康养殖基地应布局合理，做到生产基础设施、苗种繁育与上市的商品泥鳅等生产、质量安全管理、办公生活设施与健康养殖要求相适应。已建立的基地周围不得新建、改建、扩建有污染的项目，需要新建、改建、扩建的项目必须进行环境评价，严格控制外源性污染。

⑤泥鳅健康养殖基地应配备相应数量的专业技术人员，并建立水质、病害工作实验室和配备一定的仪器设备。对技术人员、操作人员、生产工人进行岗前培训和定期进修。

⑥泥鳅健康养殖基地必须按照国家、行业、省颁布的有关无公害水产品标准组织生产，并建立相应的管理机构及规章制度。例如饲料、肥料、水质、防疫检疫、病害防治和药物使用管理、水产品质量检验检测等制度。

⑦建立生产档案管理制度，对放养、饲料和肥料使用、水质监测与调控、防疫、检疫、病害防治、药物使用、基地产品自检及产品装运销售等方面进行记录，保证产品的可追溯性。

⑧建立无公害水产品的申报与认定制度。如首先由申请单位或个人提出无公害水产品生产基地的申请，同时提交关于基地建设的综合材料；基地周边地区地形图、结构图、基地规划布局平面图；有关资质部门出具的基地环境综合评估分析报告；有关资质部门出具的水产品安全质量检测报告及相关技术管理部门的初审意见。通过专门部门组织专家检查、审核、认定，最后颁发证书。

⑨建立监督管理制度。实施平时的抽检和定期的资格认定复核及审核工作，规定信誉评比、警告、责令整改直至取消资格的一系

列有效可行的制度。

⑩申请主体名称更改、法人变更均须重新认定。

虽然健康养殖生产基地的建立和管理要求比较严格，但广大养殖户可根据这些要求，首先尽量在养殖过程中注意无公害化生产，使产品主要指标如有毒有害物质残留量等，达到健康养殖的要求。

二、生物学特性

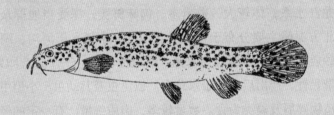

（一）泥鳅的分类与分布

泥鳅学名为 *Misgurnus anguillicaudatus*，在生物学分类上属脊索动物门，脊椎动物亚门，鱼纲，鲤形目，鳅科，泥鳅属。该属特征为体延长，稍侧扁；头长大于或等于体高，吻长短于眼后头长；口须5对，头部裸露无鳞，体被细鳞；尾柄皮褶棱发达，并与尾鳍相连。该属国内分布4种：泥鳅、黑龙江泥鳅（*Misgurnus mohotity*）、北方泥鳅（*Misgurnus bipartitus*）、少鳞泥鳅（*Misgurnus oligops*）（图1）。泥鳅在国外分布于日本、朝鲜、俄罗斯及东南亚等国家和地区，在我国除青藏高原外，各地淡水水域中均产，以南方河网地带较多，一年四季均可捕到，春季较多。黑龙江泥鳅分布于黑龙江水系，体较大，数量多，肉味鲜美，深受当地群众所喜爱。北方泥鳅主要分布于黄河以北地区，常栖息于河沟、湖泊及沼泽砂质泥底的静水或缓流水体，适应性较强。5—7月产卵繁殖，卵略带黏性，产出后黏附于水草上。以昆虫及其幼虫、小型甲壳动物、植物碎屑及藻类为食。数量较多，肉质细嫩，有一定的经济价值。与泥鳅在外形上相似的常见种类，有条鳅属的北方条鳅、北鳅属的北鳅、花鳅属的花鳅、副泥鳅属的大鳞副泥鳅（*Paramisgurnus dabrganus*）（图2），生活习性与泥鳅相似，数量较少，主要分布于长江中下游及其附属水体中。其中大鳞副泥鳅一般个体较泥鳅个体小（60克左右），土黄色，尾鳍基部上方无黑斑，尾柄高大于尾柄长，据此可与泥鳅相区别。而北鳅、花鳅、条鳅由于个体小，生长慢，没有养殖价值，在养殖选种时应注意区别。

泥鳅 *Misgurnus anguillicaudatus*（Cantor）

北方泥鳅 *Misgurnus bipartitus*（Sauvage et Dabry）

少鳞泥鳅 *Misgurnus oligops* Li

图1　泥鳅

北鳅 *Lefua costata*（Kcssler）

花鳅 *Cobitis taenia* linnaeus

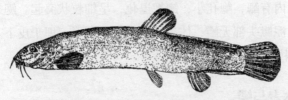

大鳞副泥鳅 *Paramisgurnus dabrganus* Sauvagc

图2　泥鳅的近似种

（二）泥鳅的形态特征

1. 体形

泥鳅是较为常见的个体较大的鳅科鱼类，一般成熟时体长10~15厘米，最大个体长30厘米左右，其体较小而细长，前半部分呈亚圆筒形，腹鳍以后渐渐侧扁。体长为体高的5.8~8.6倍，为头长的5.5~6.7倍，为尾柄长的5.7~7.3倍。头长为吻长的2.2~2.7倍，为眼径的6.6~10倍，为眼间距的4.6~5.4倍。尾柄长为尾柄高的1.3~1.8倍。

2. 头部

泥鳅头部较尖，近锥形，吻部向前突出，倾斜角度大，吻长小于眼后头长。口小，亚下位，呈马蹄形。唇软，有细皱纹和小突起。有5对口须，其中吻端1对，上颌1对，口角1对，下唇2对。口须最长可伸至或略超过眼后缘，但也有个别的较短，仅长达鳃盖骨。泥鳅的这5对须对触觉和味觉极敏锐。泥鳅的眼很小，并覆盖有皮膜，上侧位视觉不发达，只能看见前上方的物体。但它的5对须极其发达，须的尖端有能辨别微弱气味的味蕾，可有效地弥补其视力衰退的不足，是寻觅食物的灵敏的"探测器"。头侧有1对鳃孔，内有鳃，鳃孔小；鳃耙退化，呈细粒状突起。鳃裂止于胸鳍基部。泥鳅头部无鳞，体表鳞极细小，圆形，埋于皮下。侧线鳞125~150枚。

3. 体表与鳞

泥鳅的皮下黏液腺发达，体表黏液丰富。体背及体侧2/3以上部位呈灰黑色，布有黑色斑点，体侧下半部灰白色或浅黄色。泥鳅头部无鳞，鳃孔至肛门的躯干部有细小的圆鳞埋于皮下。侧线鳞141~150枚。栖息在不同环境中的泥鳅体色略有不同。

4. 鳍

泥鳅躯干部常有胸鳍、背鳍和腹鳍。胸鳍不大且雌雄异形（图3），位于鳃孔后下方。背鳍无硬刺：共有鳍条11根，其中不分支鳍条为3根，分支鳍条为8根。背鳍与腹鳍相对，但起点在腹鳍之前，约在前鳃盖骨的后缘和尾鳍基部的中点。腹鳍距胸鳍较远，鳍短小，起点位于背鳍基部中后方，腹鳍不达臀鳍。尾鳍呈圆形。胸鳍、腹鳍和臀鳍为灰白色，尾鳍和背鳍具有黑色小斑点，尾鳍基部上方有显著的黑色斑点。

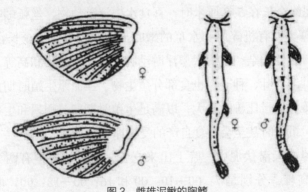

图3 雌雄泥鳅的胸鳍

5. 其他

泥鳅具咽齿一行。肠较短，直线分布于腹腔，其壁薄而富有弹性。鳔小，呈双球形，前部包裹在骨质囊中，后部细小而游离于腹腔中。泥鳅的肠壁很薄，具有丰富血管网，能进行气体交换，有辅助呼吸的功能。

（三）泥鳅的食性

泥鳅的食性很广，是偏好动物性饵料的杂食性鱼类。在泥鳅胃中的食物团里腐殖质、植物碎片、植物种子、水生动物的卵等的出现率最高，约占70%，其他如硅藻、绿藻、蓝藻、裸藻、黄藻、原生动物、枝角类、桡足类、轮虫等约占30%。人工养殖中能摄食商品饵料。泥鳅与其他鱼类混养时常以其他鱼类的残饵为食，甚至以其他鱼类的粪便为食，所以泥鳅也被人们称为池塘的"清洁工"。

泥鳅在生长发育的不同阶段摄取食物的种类有所不同。泥鳅在全长为3~5厘米时，喜食腐殖质、小型甲壳动物、昆虫等，胃肠食物团中，泥沙和腐殖质的重量比例高达70%，生物饵料的重量只占30%。泥鳅全长在5~8厘米时，喜食水中浮游动物、丝蚯蚓等，偶尔也食藻类、有机碎屑和水草的嫩叶与芽等。当泥鳅全长在8~10厘米时，食性偏杂，主食大型浮游动物、碎屑、藻类和高等水生植物的根、茎、叶、种子，也食部分微生物。在泥鳅生殖时期食量比较大，雌鳅食量比雄鳅更大，以满足生殖时期卵黄积累和生殖活动的需要，饥饿时甚至会吞食自产的受精卵。

泥鳅白天潜伏泥中，晚上出来吃食，在一昼夜中有两个明显的摄食高峰，分别是7：00—10：00和16：00—18：00，而早晨5：00左右是摄食低潮。它用口须寻找食物，发现食物后用口须挑选一下，把可口的吃掉，不可口的丢掉。它贴着水底，边挑边拣，边吃边走，一路寻寻觅觅，走走停停，一会儿就把肚子填饱了。泥鳅习惯在夜间吃食，但在产卵期和生产旺盛期间白天也摄食。在人工养殖条件下，经过驯化也可改为白天摄食。

泥鳅的食管短且较细，有利于选择性细泥的顺利通过。肠道粗且短，无盘曲，前段约1/3部分膨大形成"T"形胃，有利于大量储食；中部盘曲，有3~5个螺旋弯曲；后肠直且逐渐变细，对动物性饵料消化速度比植物性饵料快。泥鳅贪食，如投喂动物性饵料时会因贪食过量而影响肠呼吸，并产生毒害气体而胀死。当水温为15℃时泥鳅的食欲增高，水温24~27℃时食欲最旺盛，水温30℃以上时食欲减退。泥鳅在生殖时期食量比较大，雌鳅比雄鳅更大，以满足生殖时期卵黄积累和生殖活动的需要。

在人工养殖条件下，可以利用施肥培养生物饵料来喂养幼鳅；培育成鳅可投喂螺蛳、蚯蚓、蚕蛹粉、河蚌肉及禽畜内脏等肉食类饲料，并搭配一定比例价格较低廉的植物饲料，如米糠、麸皮、豆渣、三等面粉及老菜叶、弃置的瓜果类等。

（四）泥鳅的生活习性

1. 栖息特点

泥鳅属温水性底层鱼类，多栖息在静水或缓流水的池塘、沟渠、湖泊、稻田等浅水水域中，有时喜欢钻入泥中，所以栖息环境往往有较厚的软泥，一般不到水体的上、中层活动。较适水环境一般为中性和偏酸性。泥鳅在水的底层生活，它对环境的适应能力非常强，既能在水中游泳，又能钻到底泥里。它昼伏夜出，白天钻到底泥里休息，晚上出来在水底寻找食物。由于长期生活在黑暗的环境中，它的视力极度退化，变成了"瞎子"。但是，它的感觉却很灵敏，泥鳅的感觉主要是触觉，靠触须来寻找食物。另外，它的侧线系统也很发达和灵敏，可以依照它们来感觉水的变化，逃避敌害。有的时候，泥鳅傻呆呆地伏在水底，一动不动，即使人走近了，它也没有反应，好像一伸手就能抓起来，可是当人一伸手刚触及水面时，它就马上感觉到了，并且迅速地溜走。另外，也能为避

开不利环境而逃逸。

2. 耐低氧特性

泥鳅对缺氧的耐受力很强，比一般鱼类更耐低氧，离水不易死亡，水体中溶氧低于 0.16 毫克 / 升时仍能存活，这是因为泥鳅不仅能用鳃呼吸，还能利用皮肤和肠进行呼吸。泥鳅肠壁很薄，具有丰富的血管网，能够进行气体交换，具辅助呼吸功能，所以又称为"肠呼吸"。肠呼吸是泥鳅特有的呼吸方式，当水温上升或水中缺氧时，泥鳅垂直游窜到水面吞吸空气，在肠内进行气体交换，然后废气从肛门排出。人工养殖时，投饵摄食后泥鳅肠呼吸的次数会增加。据报道，泥鳅耗氧量的 1/3 是由肠呼吸取得的。由于皮肤和肠都能进行呼吸，所以，泥鳅的呼吸没有稳定的频率，慢的每分钟只有几次，快时能超过 100 次。

3. 喜温性

泥鳅生长的水温范围是 15~30℃，最适水温是 18~28℃。当水温降到 6℃或升到 33℃以上时，或遇枯水期，泥鳅便潜入泥层下10~30 厘米处，停止活动进行休眠。水温高于 30℃，而泥鳅又无泥可钻时，表现为烦躁不安，特别是由北方引入南方的泥鳅，此时开始死亡。泥鳅在休眠期，只要泥层中稍有水分，就能维持生命。一旦水温达到适宜温度时或者说条件适宜时，泥鳅便又会复出活动摄食。

4. 善逃逸

泥鳅很善于逃跑，春、夏季节雨水较多，当池水涨满或者池壁被水冲出缝隙时，泥鳅会在一夜之间全部逃走，尤其是在水位上涨时会从泥鳅池的进出水口逃走。因此，养泥鳅时务必加强防逃的管理。检查进出水口防逃设施是否有堵塞现象，是否完好，要及时排水，防止池水溢出，造成泥鳅逃逸。

5. 不喜强光

泥鳅一般白天潜伏水底，傍晚后活动觅食，不喜强光。人工养殖时往往集中在遮阴处，或是躲藏在巢穴之中。

（五）泥鳅的生殖习性

泥鳅属多次性产卵鱼类。在长江流域泥鳅生殖季节在 4 月下旬，水温达 18℃以上时开始繁殖，直至 8 月，产卵期较长。盛产期在 5 月下旬至 6 月下旬。每次产卵花费时间较长，一般需 4~7 天。繁殖的水温为 18~30℃，最适水温为 22~28℃。

泥鳅怀卵量因个体大小而有差别，卵径约 1 毫米，吸水后膨胀达 1.3 毫米。一般怀卵 8 000 粒左右，少的仅几百粒，多的达十几万粒。体长 12~15 厘米泥鳅怀卵 1 万 ~1.5 万粒；体长 20 厘米泥鳅怀卵达 2.4 万粒以上。雄泥鳅体长达 6 厘米时便已性成熟，体长 9.4~11 厘米雄性泥鳅精巢内约含 6 亿个精子。成熟个体中往往雌泥鳅比例大。

泥鳅常选择有清水流的浅滩，如水田、池沼、沟港等作为产卵场。发情时常有数尾雄鳅追逐一尾雌鳅，并不断用嘴吸吻雌鳅头、胸部位，最后由一尾雄鳅拦腰环绕挤压雌鳅，雌鳅经如此刺激便激发排卵，雄鳅排精，这一动作能反复多次。产卵活动往往在雨后、夜间或凌晨。产卵后的雌鳅腹鳍后方身体腹部一侧留有一个近圆形的白斑状伤痕，这是由于雄鳅背鳍的肉质小隆起和胸鳍小骨板在雄鳅卷压雌鳅时，使雌鳅腹部受了伤，白斑就是"伤痕"。如果发现雌鳅腹部两侧出现新的白斑，表明已产过卵了，并且白斑越深越

大，产卵越多；反之，是产卵不佳。受精卵具弱黏性，黄色，半透明，可黏附在水草、石块上，一般在水温 19~24℃时经 2 天孵出鳅苗。刚孵出的鳅苗约 3 毫米，身体透明呈痘点状，吻端具黏着器，附着在杂草和其他物体上。约经 8 小时，色素出现，体表渐转黑色，鳃丝在鳃盖外，成为外鳃。3 天后卵黄囊接近消失，开始摄食生长。经 20 多天，苗长 15 毫米，此时的形态与成鳅相似，呼吸功能也从鳃呼吸转为兼营肠呼吸。

（六）泥鳅的生长发育特点

泥鳅生长快慢和饵料、饲养密度、水温、性别和发育时期有关。人工养殖中个体差异也很大。在自然状况下，刚孵出的苗体长约 0.3 厘米，1 个月之后可达 3 厘米，半年后可长到 6~8 厘米，第二年年底可长成体长 13 厘米、体重 15 克左右。最大的个体长达 20 厘米、体重 100 克；人工养殖时经 20 天左右培育体长便可达 3 厘米的鳅苗，1 龄时可长成每千克 80~100 尾的商品泥鳅。

三、养殖场的建造

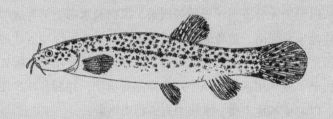

（一）泥鳅养殖的环境要求与选址

泥鳅养殖环境包括所在地位置和水源、水质、底质。养殖场地应是生态环境良好，养殖区域内及风向、养殖用水源上游没有对场地环境构成威胁的污染源（包括工业“三废”、农业废弃物、医疗机构污水及废弃物、城市垃圾和生活污水等）。

1. 周围环境

养殖场周围应自然环境僻静，冬暖夏凉；临近水域，排灌方便，无污染源；通风、向阳，地势平坦、开阔。环境污染会使养殖泥鳅的水体产生改变，致使水体缺氧、pH 变化、有毒有害物质超标，所以对于无公害泥鳅养殖场周边、风向及水源上游等应严格选择。建池坐北朝南，避免北风直吹池面。如果在平原地区建池，北面尽量密植树林。在无公害泥鳅养殖基地内，应使用经发酵处理后的有机肥，或利用畜禽粪便生产的商品有机肥，控制和减少使用无机肥，以避免基地土质、水质中有害物质污染。

2. 水源

水是泥鳅生存的主要场所，一切有益或有害的影响都必须经由水为介质，改变水质，就会影响泥鳅的生长发育状况。泥鳅养殖要求水源丰富，水质无污染，有机质含量低，水温昼夜差异不大，排灌方便。大规模养殖要求具备供排水系统。基建时，要开挖蓄水池，蓄水池为土质，也可利用鱼池代替。江水、地下水、水库水、山泉、溪水、自来水等均可。水库水溶氧丰富，有机质含量低，有害病菌和寄生虫类少，是极佳的养殖用水。采用水库表层 1 米左右的水层，该水层水温恒定，基本无昼夜差。井水、地下水、自来

水水质清新，杂质少，几乎没有有害病菌和寄生虫，应在阳光下暴晒3~4天后平衡温度，再引入养殖池。江水溶氧丰富，但含有较多的杂质和有机质，有一定的浑浊度，并含有一定的病害，如果选作泥鳅养殖用水，应该建蓄水池，以便于对水体进行沉淀和必要的消毒。池塘水有机质和浮游生物浓度极大，尽量不选用。被农药或其他化学物质污染的水不能用于养殖泥鳅。

3. 水质

反映水质情况的因子主要有水体透度、水色、水温、溶解氧、pH及氨、亚硝酸盐和硫化氢含量。泥鳅养殖用水要满足泥鳅多方面的需要，除了要有足够的水量之外，还要具备相应的水质条件，其中最重要的是含适量的溶解盐类，溶氧丰富，几乎达到饱和，含适量植物营养物质及有机物质，不含有毒物，pH在7左右。我国渔业水质标准规定，一昼夜16小时以上溶氧必须大于5毫克/升，其余任何时候不得低于3毫克/升。泥鳅的长势和水中溶氧量呈正比，水中溶氧量高时，泥鳅摄食旺盛，泥鳅的耗氧量也随之增加，新陈代谢随之加快，有利于泥鳅的生长。泥鳅养殖池氧气的来源，第一是空气经过水表层以渗透的方式溶入水中；第二是养殖池中的藻类或植物在白天进行光合作用产生氧气；第三是以人工方式，如冲水、增氧机搅动水面以增加水体与空气接触面积，来提高水中的溶氧。

4. 底质的要求

改良底质是改良水质的基础，微生物病原菌往往通过池底的有机污染物生长繁殖，再通过水体扩散传播。养殖场的泥鳅养殖池的池底泥土中要求无工业废弃物和生活垃圾，无大型植物碎屑和动物尸体，底质呈自然结构，无异色、臭味。泥鳅养殖场最好建在黏质

土壤（带腐殖质）上，这样建成的养殖池保水性能好，不必设置防水渗漏的设施。对渗水较快的土壤，修建养殖池时，池底要铺垫厚的塑料布，上面垫 20~30 厘米厚的三合土。将三合土夯实后，上面垫 30~50 厘米厚的淤泥。池壁四周要防渗漏。

5. 排灌条件

池水更换要方便，水位应能控制自如。要求暴雨时不涝不淹，干旱时能及时供水。

6. 饵料资源丰富

浮游动植物及昆虫资源丰富。规模化人工养殖泥鳅，对动物性活饵料的需求量很大，除设置黑光灯诱引昆虫，利用小鱼、小虾等天然饵料外，还应人工养殖一些泥鳅喜食的动物性饵料，如蝇蛆、黄粉虫等，以弥补天然饵料之不足。

7. 电力与交通

电力供应要有保障，交通运输要便利。

（二）泥鳅池的种类与布局设计

泥鳅池根据其功能可分为产卵池、孵化池、鱼苗池和成鳅池。产卵池又叫种鳅池，用于饲养种鳅和供种鳅抱对、产卵。孵化池是专用于受精卵孵化，也可用孵化网箱、孵化框、水缸和水盆等作为孵化工具。鱼苗池又叫苗种培育池，供培育泥鳅幼苗用，也可兼作产卵池、孵化池。成鳅池又叫商品泥鳅池，供泥鳅育成用。养鳅池可建成地上池，也可建成地下池或半地下池（图4）。一般黄河流域为地下池，黄河以南为地上池，长江中下游为半地下池。

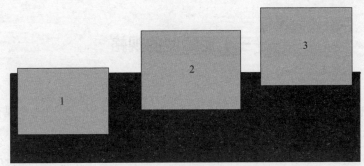

图 4　养鳅池形式
1. 地下式；2. 半地下式；3. 地上式

　　规模化养殖时，养鳅池以南北走向为好。规模较大的养鳅场可根据需要划分为活饵料养殖区、办公及库房区、产卵孵化区、育苗区、商品鳅养殖区等功能区，并合理布局（图5）。

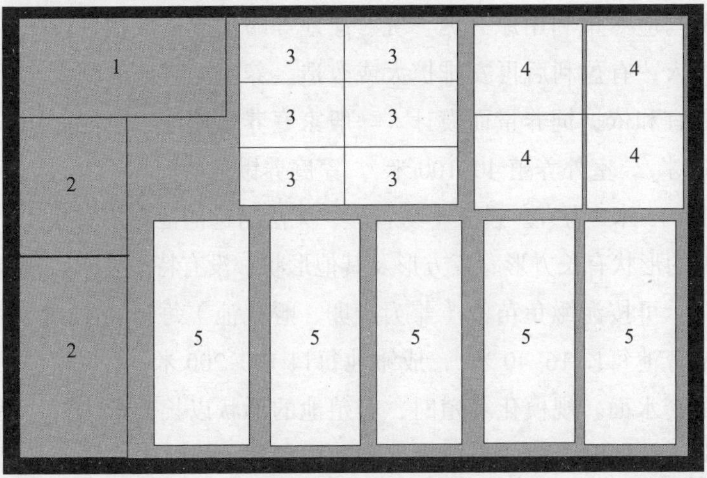

图 5　养鳅池的布局设计
1. 活饵料养殖区；2. 办公及库房区；3. 产卵孵化区；4. 育苗区；5. 商品鳅养殖区

（三）泥鳅池的规格

泥鳅养殖的方式很多，如池塘养殖、稻田养殖、庭院养殖、水泥池养殖、网箱养殖等，养殖户可利用水田、池沼、养殖池等现有设施和条件，根据具体情况而定。新建池可按养殖方案设计。小规模养殖或家庭养殖时，可因陋就简，不必像规模化养殖那样配备产卵池（种泥鳅池）、孵化池、育苗池、商品泥鳅池，可以一池多用。

1. 养鳅池的大小与形状

可以根据实际情况，如资金、人力、土地面积、水量、饲料肥料来源、技术、市场等进行规模设计，可单池建造、连片建造。初期上马应尽量利用原有塘、坑、洼地等略加改造成池，以减少基建投入，有盈利后再安排扩大或改造。养殖泥鳅池面积大小可因地制宜和依据饲养量而设计。一般家庭养殖用池，单池面积只需 2~10 米^2，室外养殖 40~100 米^2。家庭养锹池的面积不宜过大，一般 10~15 米^2 为宜。过大不易管理，无法防逃的池塘不宜采用。养殖池的形状有长方形、正方形及其他形状，没有特别要求。规模较大时，可按泥鳅鱼苗池（兼为产卵、孵化池）每口 8~12 米^2，鱼种培育池每口 16~40 米^2，成鳅池每口 100~200 米^2 的规模灵活安排配套水面。规模化养殖时，养殖池的形状以长方形为好，南北走向。建池时，池的入地深度和池内载体（指池内水与底质如淤泥，是泥鳅的栖息层）的深度，要重点从温度方面考虑。对热带地区，要考虑高温季节泥鳅低温趋向问题；对高寒地区，要考虑低温季节泥鳅高温趋向问题。如气温较高的华中江汉地区，要考虑高温季节泥鳅低温趋向问题，一旦池内载体表面温度接近于当时高气温（29~42℃），泥鳅必然向下钻至适温处。如果钻至池底温度不降，则可能是载体太薄，但更多的原因是泥鳅池的地下深度不够，或者是泥鳅池建成了全地上池。一般而言，不论高寒地区，还是高热地区，地下温度达到1℃以上的地层深度即为池底深度；池中载体的高度以能使其上层尽可能多的时间处于正常生长温度为准（即16~28℃，此时气温要高得多）。但在高热地区，高热高湿天气下载体中层温度昼夜处于29℃以上，则认为养鳅池深度不够。一般情况下，如果保持养鳅池地下部分有60厘米深，并使池内载体略高于地面，就可达到冬夏兼顾，载体也处于正常生长所需温度的条件。池水深度一般40~50厘米；底质厚度30~50厘米，泥质软硬适度。池面2/3水面养水浮莲、水葫芦、水花生等，一方面可净化水质，另一方面可为泥鳅提供栖息及产卵场所。池边搭架种植一些攀援性的瓜果遮阴，作为泥鳅遮阴防暑之用。池与池不能相通串联，以防泥鳅越池。

2. 泥鳅池结构与形式

泥鳅池的结构与放养后的逃跑率有密切关系，各地泥鳅池的结构要因地制宜，根据水源、土质、地形、养殖规模而定。泥鳅池结构按用料可分为土池和水泥池两种，不论何种结构，建池时都要考虑防逃、易捕、进排水方便三个原则。

（1）水泥池

可建成地下式、地上式或半地上式。水泥池形状为长方形、方形、圆形、椭圆形均可，池深根据饲养方式不同而不同，有土饲养时为0.7~0.8米，无土流水饲养时为0.5米。池壁多用砖、石砌成，水泥光面。池顶砌成向池中延伸的"T"字形。水泥池池底处理非常关键，必要时应打一层"三合土"，其上铺垫一层油毛毡或加厚的塑料膜，以防渗漏，然后再在上面浇一层厚5厘米的混凝土。回填到池底的泥土最好用壤土而不能用黏土。在池中安装进水口、排

水口和溢水口，进水口要高于水面约 20 厘米；在泥鳅池的另一端，进水口的对角处，设排水口和溢水口，这样在进水、排水和溢水时，能使养鳅池中形成水流，并充分换掉池中的水，增加池中的新水。排水口要与池底铺设的黏土土层等高或稍高，并在进水口、出水口加设用尼龙网片或金属网片制成的防逃网，防止泥鳅逃逸；溢水口设置于排水口上方，也要设置防逃网。修建好的泥鳅池池口应高于地面 20~25 厘米，防止下大雨时地面污水进入养鳅池。在池中排水口的一端，开挖一个集鱼的鱼溜。鱼溜的面积占全池面积的1/3 左右，深 30 厘米，以供泥鳅在高温季节栖息和在捕捞的时候方便捕捉（图 6）。

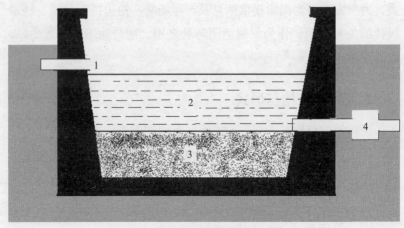

图 6　水泥池基本结构
1. 进水口；2. 水体；3. 底质；4. 排水口

（2）土池

　　选择水源条件好、保水性能好的黏土或壤土土地进行挖方建池，池壁有一定的倾斜（池坡比 1.2：1）。通常要求池埂高出水面30 厘米，并沿埂加设罩向池中央部位的盖网，防止泥鳅越埂逃窜。有条件的可用砖、石护坡，水泥勾缝。要先用三合土把池壁打夯坚实，再用油毡铺底，上覆塑料薄膜，以免池子漏水。池四角修成弧形。土池的面积可以比水泥池大，一般池深 0.6~1 米，水深 30~50 厘米。这种形式适合劳力多、养殖量大的专业户。每口土池和水泥池均应设独立的进排水口、溢水口。池底应有 2%~3% 的比降，以使水能排尽。进水口高于池水水面，排水口设在池底集鱼坑的底面。集鱼坑大小根据池子大小建造。有土饲养时在集鱼坑四周应设挡泥壁，并在泥面水平处增设一个排水口，以便换水。进排水口及溢水口均应设防逃栅罩。在排水口一侧埂上开设 1~2 个深 5~10 厘米、宽 1~2 米的平水缺。平水缺可防止暴雨时水大漫埂逃鱼。平水缺口上要安装防逃栅。

（四）泥鳅池的清整

种质、营养、环境是决定泥鳅养殖成败的三大要素，所有技术管理措施都围绕该三个环节进行。泥鳅栖息的场所也是病原体滋生的场所。泥鳅池是否清洁，直接影响到泥鳅的健康。

1. 水泥池的处理

新建水泥池表面不仅会渗出碱水，而且新建水泥池的表面对氧有强烈的吸收作用，使水中溶氧量迅速下降，pH 升高（碱度增加），钙的浓度增高并易形成碳酸钙沉淀。这一过程会持续较长时间，池水的溶氧量下降和 pH 升高不适于泥鳅的生长。因此，凡是新建的水泥池，都不能直接注水放养泥鳅，必须经过脱碱处理方可使用，否则，会使泥鳅受害，导致死亡。目前水泥池常用的脱碱方法有以下几种：

（1）过磷酸钙法

新建水泥池内注水后，按每 1 000 千克水加入过磷酸钙 1 千克的比例，浸泡 1~2 天，即可脱碱。

（2）酸性磷酸钠法

新建水泥池内注满水后，每 1 000 千克水中加入 20 克酸性磷酸钠，浸泡 2 天。

（3）冰醋酸法

用 10% 冰醋酸洗刷水泥池表面，然后注满水浸泡 1 周左右，可使水泥池碱性消除。

（4）水浸法

将新建水泥池内注满水，浸泡 1~2 周，其间每 2 天换一次新水，使水泥池的碱性降到适于泥鳅生活的水平。

（5）薯类法

若小面积的水泥池急需使用而又无脱碱的药物，可用甘薯（地瓜）、土豆（马铃薯）等薯类擦池壁，使淀粉浆黏在池壁表面，然后注入新水浸泡 1 天便可起到脱碱作用。

经脱碱处理后的水泥池，是否适于饲养泥鳅，可通过 pH 试纸测试 pH，以了解水泥池的脱碱程度，水的 pH 以 6~8.2 为宜。水泥池在使用前必须洗净，然后注水，在池内先放入几尾鳅苗，一天后，确无不良反应，方可正式投入使用。

2. 土池的处理

土池经过使用后，难免发生塘基坍塌损坏、进出水口阻塞倒坍等情况，这样，泥鳅就易从坍塌缺口逃逸。池外流入的水容易把各种害虫、野鱼等带入塘内，引起各种敌害大量繁殖。同时，池底沉淀了许多残饵和杂物，使池底堆集大量污泥，不但有碍操作，而且污泥中的腐殖质酸能增强池水的酸性，减低肥效，阻碍饵料生物的繁殖，促使病原菌繁殖、生长旺盛，养泥鳅后易得病。夏季时，由于水温上升，腐殖质急速分解，产生很多有害气体，如二氧化碳、硫化氢、甲烷，使水质变坏。腐殖质分解，又消耗大量的氧气，使池水缺氧。因此，清塘消毒是土池养泥鳅不可缺少的重要一环，须高度重视。

（1）清塘、加固塘基

在冬季，先放干塘水，挖出池底过多的淤泥，堆在塘坎坡脚，曝晒 20 天左右，使塘底干涸龟裂，促使腐殖质分解，杀死有害生物和部分病原菌。经风化日晒，改良土质，同时要加固塘基，预防渗漏，并整修塘坎及进出水渠。

（2）消毒的方法

池塘经过 20 天以上的曝晒并清除淤泥后，接着进行消毒。漂白粉为灰白色粉末，有氯臭味，微溶于水，呈浑浊状，含有 25% 左右的有效氯，在水中能生成有杀菌能力的次氯酸和次氯酸根离子，对细菌、病毒、真菌均有杀灭作用，并能杀死部分寄生虫。漂白粉消毒方法简便，效果较好，有干法和带水消毒两种方法：①干法消毒。池内放约 10 厘米深的水，按每平方米加 15 克漂白粉计算，用少量水将漂白粉搅匀，均匀泼洒入池，并用池内漂白粉水泼洒池壁，3~4天后毒性消失。②带水消毒。池内放约 1 米深的水，按每立方米池水加 10 克漂白粉计算，用少量水将漂白粉溶解搅匀，均匀泼洒全池，5 天左右毒力消失。漂白粉消毒与生石灰消毒效果相同，但漂白粉用量少，药效消失快，对运输不便的地方或急于使用池塘时，采用此法较好。待毒力全部消失后，再放养泥鳅。毒力是否消失，除了根据前面介绍的毒力有效时间外，可先用几条鳅苗放箩筐里入池试养，也可将鳅苗直接放在池中试养，观察有否不良反应。如泥鳅生活完全正常，即可大批放养。这样，可以避免因毒力还未完全消失而造成放养的泥鳅大批死亡。

（五）养殖用水与废水的处理

养殖后的废水有机物含量高，其本身也是引起水域二次污染的主要原因之一。但目前绝大部分都未经处理直接排放，造成二次污染。不达标的养殖用水和养殖后的废水必须进行处理，才能用于泥鳅养殖。养殖用水和废水处理的目的就是用各种方法将污水中含有污染物质分离出来，或将其转化为无害物质，从而使水质保持洁净。根据所采取的科学原理和方法不同，可分为物理法、化学法和生物法。

1. 养殖用水的物理处理

在养殖用水和废水中，往往含有较多的悬浮物（如粪便、残饵等）或其他水生物，为了净化或保护后续水处理设施的正常运转，降低其他设施的处理负荷，要将这些悬浮或浮游有机物尽可能用简单的物理方法除去。处理方法包括栅栏、筛网、沉淀、气浮和过滤等。

2. 养殖用水的化学处理

常用的简单、经济、可行的方法是用生石灰进行水质、底质改良。底质常用生石灰化水即泼洒的方法；池水则以每亩 10~15 千克生石灰化水泼洒，能产生净化、消毒和改良水质、底质的效果。

3. 养殖用水的生物处理

生物处理方法很多，在泥鳅养殖中一般可采用以下方法：

（1）微生物净化剂

目前利用某些微生物将水体或底质沉淀物中的有机物、氨氮、亚硝态氮分解吸收，转化为有益或无害物质，从而达到水质（底质）环境改良、净化的目的。这种微生物净化剂具有安全、可靠和高效的特点。目前这一类微生物很多，统称有益细菌（effective microbes，EM）。在使用这些有益细菌时，应注意以下事项：

①严禁将它们与抗生素或消毒剂同时使用。

②为使水体中保持一定的浓度，最好在封闭式循环水质中应用，或施用后3天内不换水或减少其换水量。

③为尽早形成生物膜，必须缩短潜伏期，所以应提早使用。

④液体保存的有益细菌，其本身培养液中所含氨氮较高，也应提前使用。

（2）水生植物种植法

水体中氮、磷和有毒有害物质也可通过水生植物吸收、分解净化，在采收这些水生植物时即可从水体中带走过多的氮、磷及有毒害物质。

养殖水质必须严格按照生产技术规范操作，建立水质监测制度，及时调控水质，并进行废水处理，防止养殖生产的自身污染。

四、营养需求及饲料

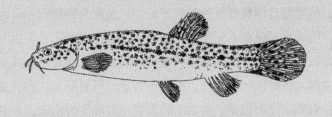

（一）泥鳅健康养殖的营养需求及饲料要求

1. 健康养殖营养需求

饲料是所有养殖业的基础，泥鳅养殖业也不例外。要进行泥鳅健康养殖，其中很重要的一环便是科学合理地使用饲料，这不仅能满足泥鳅不同阶段生长发育的需要，还能提高泥鳅的防病、抗病能力，而且可最大限度地保持泥鳅的原有风味，避免不良物质积累，充分利用各营养组分，节约饲料成本，减少污染。一般当泥鳅养殖形成一定规模后，为保证饲料供应，最好采用配合饲料，以便达到保质保量稳定投喂。使用配合饲料，既方便又经济。生产实践证明，使用配合饲料有其独特的好处：一是配合饲料营养全面且效价高，能满足泥鳅在不同生长发育阶段的营养需要。二是由于配合饲料是经高温消毒，长期使用可减少疾病发生，同时也会减少因饲料而引起的各种疾病。另外，配合饲料进行科学配方，能满足泥鳅对各种营养成分的需要，在加工时采取一定细度的粉碎，并根据需要添加防病、提高免疫水平及促进摄食的消化剂，能改善泥鳅的消化和营养状况，并增强抗逆能力。三是可根据不同地区的资源情况，利用营养成分较高又廉价的原料，按照泥鳅营养需求不断改进配比，并通过加工减少饲料中营养成分在水中的散失，从而提高利用率，降低饵料系数及其成本。四是配合饲料便于运输、贮存、常年稳定供应和投喂，特别适合集约化养殖。五是配合饲料投喂效果好，增重率比天然饲料高。因此，为了规模化生产、无公害生产，研究泥鳅在不同生长发育阶段的营养需求，科学合理地研制配合饲料配方是很重要的。

饲料的一般营养成分是评价饲料营养价值的基本指标，而饲料营养价值的高低，主要取决于饲料中营养物质的含量。为了科学合理地配制配合饲料，必须弄清饲料的营养物质及各种营养物质的功能，以及不同鱼类对这些营养物质的需求量。这些营养物质主要包括蛋白质、脂肪、碳水化合物、维生素和各种矿物质。无公害养殖时这些营养组成既不能缺乏，又应科学配合，以达到不浪费资源、能源和最低废弃物排放的目的。

2. 泥鳅健康养殖饲料要求

（1）配合饲料的安全卫生要求

配合饲料所用的原料应符合各类原料标准的规定，不得使用受潮、发霉、生虫、腐败变质及受到石油、农药、有害金属等污染的原料；皮革粉应经过脱铬、脱毒处理；大豆原料应经过破坏蛋白酶抑制因子的处理；鱼粉质量应符合国家标准《鱼粉》（GB/T19614—2003）的规定；鱼油质量应符合《鱼油》（SC/T3502—2016）中二级精制鱼油的要求；使用药物添加剂种类及用量应符合农业部《允许作饲料药物添加剂的兽药品种及使用规定》中的规定。配合饲料安全卫生指标，可遵照《无公害食品 渔用药使用准则》（NY5071—2002）所规定的标准参照执行。对于使用未经加工的动物性饲料，必须进行质量检查，合格之后方可使用。投饲的鲜动植物饲料一般应经洗净之后再消毒，方可投喂。消毒处理可用含有效碘1%碘液浸泡15分钟。水产饲料中药物添加应符合《无公害食品 渔用配合饲料安全限量》（NY5072—2002）要求，不得选用国家规定禁止使用的药物或添加剂，也不得在饲料中长期添加抗菌药物。配合饲料不得使用装过化学药品、农药、煤炭、石灰及其他污染而未经清理干净的运输工具装运。在运输途中应防止暴晒、雨淋与破包。装卸过程中严禁用手钩搬运，应小心轻放。配合饲料产品应贮存在干燥、阴凉、通风的仓库内，防止受潮、鼠害、受有

害物质污染和其他损害。产品堆放时，每垛不得超过 20 包，并按生产日期先后顺序堆放。产品应标明保质期，在规定条件下贮存，产品保质期限为 3 个月。

（2）商品泥鳅的安全卫生要求

养殖无公害商品泥鳅必须符合《无公害食品 水产品中有毒有害物质限量》（NY5073—2001）的要求。

（二）泥鳅饲料的营养成分

所谓营养，就是生物摄取、消化、吸收和利用食物进行合成代谢的过程。食物中所含有营养作用的物质称为营养成分或营养物质，营养成分包括六大类，即蛋白质、脂肪、碳水化合物、无机盐、维生素和水，每一类营养素又包括若干种营养素。生活在水域环境中的泥鳅和陆生动物一样，必须从外界摄取食物，经过消化、吸收，转换为自身物质，得以生存，进行生长、发育等一系列的生命活动。因而，对泥鳅来说，摄取饲料的过程实际上就是摄取营养素的过程。而所谓饲料，就是能提供饲养动物所需养分，保证健康，促进生产和生长，且在合理使用下不发生有害作用的可饲物质。饲料的营养成分是反映饲料在动物体内转化率高低的评定标准，即在正常条件下，饲料转化率越高，动物增重越快，饲料系数越低，饲料的营养价值也就越高。因此，了解饲料与水生动物体的组成成分及其差异，是学习和研究水生动物营养的首要任务。

1. 蛋白质

蛋白质是生命的物质基础，它不但是一切细胞和组织的重要组成成分，而且还是新陈代谢过程中调节和控制生命活动的物质。由此可见，蛋白质是水生动物需要的营养元素中最核心的要素，它直接关系到水生动物的生命、生长和繁殖。因此，探讨蛋白质与水生动物营养的关系极为重要。按干物质计算，泥鳅体中的蛋白质含量高达70%，在水产品中名列前茅。饲料中缺乏蛋白质对于动物的健康、生产性能和产品品质均会产生不良影响。动物体储备蛋白质的能力极其有限，在最良好的营养条件下，动物体储备蛋白质量亦不超过体内蛋白总量的10%；而且当摄食的蛋白质减少时，储备蛋白将很快被消耗殆尽。所以，必须经常由日粮供给动物适宜数量和品质的蛋白质，否则很快即会出现氮的负平衡，从而危害动物健康和降低生产性能。鱼类对饲料蛋白质的需求因鱼的种类、年龄、饲养条件等不同而变化。据报道，随着饲料蛋白质水平的升高，特定生长率、饲料转化效率和蛋白质效率均呈先升高后降低的变化规律，以饲料蛋白质水平35%生产性能最好；随着饲料能量蛋白比水平的升高，特定生长率和饲料转化效率均呈下降趋势，蛋白质效率呈先升高后降低的变化规律，本研究中以饲料能量蛋白比38.57千焦/千克生产性能最佳；综合分析发现，泥鳅饲料蛋白质水平和能量水平分别以36.31%~36.47%和13.5~14.4千焦/千克为宜。蛋白质不能被直接消化吸收，只能在蛋白酶的降解作用下，分解成氨基酸才可通过肠道，在渗透压等生理作用下进入血液，并被送到身体各部位，重新组合成自身所需的蛋白质。据分析，蛋白质在蛋白酶的降解作用下，可生成20多种氨基酸，但这些氨基酸中，有些是动物体内无法合成的或者是合成数量和速率不足以供正常生长的需要，还必须通过饲料供给，这类氨基酸叫作必需氨基酸。还有一些在体内可以生物合成，合成速率较快，且需要量少，一般不必依靠饲料供给，而能正常合成的氨基酸叫作非必需氨基酸，这类氨基酸大概占整体蛋白质的40%以上。鱼类的必需氨基酸经研究确定有精氨酸、组氨酸、亮氨酸、异亮氨酸、赖氨酸、蛋氨酸、苯丙氨酸、苏氨酸、色氨酸和缬氨酸10种氨基酸。如果饲料中缺乏非必

需氨基酸，势必要用必需氨基酸进行合成。非必需氨基酸胱氨酸缺乏时，只能通过必需氨基酸中的蛋氨酸进行合成；酪氨酸缺乏时，只能通过苯丙氨酸进行合成。一般来说，鱼类的日粮中必需氨基酸和非必需氨基酸之间的比例大致是 4：6。这一点，在配合饲料中须一并考虑，即当饲料中非必需氨基酸不足时，应相应增加适量的必需氨基酸。

2. 脂肪

脂肪的主要功能是供给机体热能。脂肪是组成细胞原生质的成分，在所有细胞中都是不可短缺的组织成分。水生动物体组织细胞不能合成某些高度不饱和脂肪酸，如亚油酸、亚麻酸和花生四烯酸等，而这些脂肪酸却又是保持动物体正常组织细胞结构所必需。因此，这些脂肪酸必须由饲料脂肪提供或在体内由特定脂质前体物转化而成。各种脂溶性维生素，如维生素 A、维生素 D、维生素 E、维生素 K 及胡萝卜素等，不仅必须首先溶于脂肪而后才能被吸收，而且吸收过程还需有脂肪作为载体，因而若无脂肪参与将不能完成脂溶性维生素的吸收过程，从而导致脂溶性维生素代谢障碍。通常植物性饲料中不饱和脂肪酸含量较高。除亚油酸以外，动物在形成机体新组织和修补旧组织时，脂肪可以由碳水化合物在体内转化而成。试验表明，适量将植物油拌入动物饵料和人工配合饲料，饲料转化率和饵料系数均明显提高。同时，脂肪储存的多少，对于泥鳅越冬和翌年的复壮至关重要。脂肪酸极易变质，脂肪酸氧化后产生一定的毒性，因此，含有油脂的饲料应经塑料袋密封后，放于阴暗凉爽处。

3. 碳水化合物

碳水化合物是植物性饲料的主要成分，按营养生理的功能作用可分为四类：

①可溶性单糖和淀粉。该类的特征是能溶于水和稀酸，极易被动物消化和吸收。吸收过程：先由胃酸和淀粉酶等消化酶水解成单糖（葡萄糖）后，被毛细管吸收输入肠壁，供机体利用，提供机体所需热量。如有多余，则呈糖原的形式储存在肌肉和肝脏里，一旦需要即分解成葡萄糖作为能量输出。同时它们也是核酸的重要组成部分，是构成机体的组织成分。糖和淀粉的存在可缓和蛋白质的分解转化，具有储存和节省蛋白质的作用。饲料配方中，不得以高价的蛋白质去代替廉价的碳水化合物。

②半纤维素。半纤维素是位于植物细胞内容物与细胞壁中间类型的物质。植物茎叶和谷物外皮及糠麸含半纤维素较多。泥鳅对半纤维素的消化率很低，无须专门加入。

③纤维素。纤维素是植物细胞壁的主要成分，除了禽畜之外，其他动物是难于消化的，泥鳅就更是如此了。

④木质素。木质素多存在于稻壳、麦秸、稻草、花生壳等植物废料之中，有碍于机体内微生物分解纤维素的作用，不可用作泥鳅饲料。

鱼类对碳水化合物的利用能力随鱼的种类而异，一般草食性鱼类和杂食性鱼类对碳水化合物的利用能力较肉食性鱼类为高。许多适应草食性饵料的鱼类（如草鱼、鳊和鲂）具有淀粉酶和极少量纤维素酶，因此，能部分消化生淀粉和极少量的纤维素。典型的杂食性鱼类（鲤鱼、罗非鱼和鲫鱼等）其消化管中淀粉酶的活性很高，能较好地消化高碳水化合物饵料。肉食性的虹鳟、鳗鱼等鱼类对碳水化合物的需要和耐受能力远比草食性、杂食性鱼低。肉食性鱼类经过长期的高碳水化合物饲料的饲养，会造成生长障碍、高血糖症及死亡率增高，其原因可能是由于肉食性鱼类消化管内的淀粉酶和麦芽糖酶的活性较低，难以消化吸收淀粉质多的饲料，同时由于饲

料淀粉质多也影响对蛋白质的消化率，使其减低。

4. 维生素

维生素是维持动物健康、促进动物生长发育所必需的一类低分子有机化合物。这类物质在动物体内不能合成或合成很少，必须由饲料提供。动物体对其需要量极少，所以一般都以微克或毫克计量。对于不能测定重量的维生素，则用国际单位（IU）表示。维生素的主要功能是调节和控制动物新陈代谢，维持生命活动必需的生理活性。动物对维生素的需要量很少，但其机体内不能合成，或虽然能合成，却不能满足功能之需，必须从饵料中摄取。动物体内一旦缺少某种维生素，就可能导致代谢紊乱，体液失衡，肌体失调，生长抑制，甚至死亡。

（1）维生素A

维生素A是不可能在动物体内合成的，必须从饲料中获取，且只能从动物性饲料中获取，如鱼粉、鱼肝中维生素A含量极丰富。植物饲料中不含有维生素A，但植物中含有胡萝卜素，在动物消化胡萝卜素的过程中会将胡萝卜素转化为维生素A。维生素A一般以国际单位（IU）为衡量单位。1国际单位相当于0.3微克的纯结晶维生素A醇或0.344微克维生素A醋酸酯的活力。维生素A有维持动物上皮细胞健康的作用。维生素A缺乏时，上皮细胞可发生角质化，泥鳅患维生素A缺乏症，其表现症状多数为尾端的角质化坏死。

（2）维生素B

维生素B可谓一个大的家族，对于泥鳅在生理功能上的需求与缺乏症状有待进一步研究探索。现在仅就泥鳅维生素B_1（硫胺素）、维生素B_2（核黄素）缺乏症简介如下：泥鳅维生素B_1和维生素B_2缺乏症状基本相同，即泥鳅身体不全部进洞，有留头胸于洞外的，也有留腹尾于洞外的，还有根本不进洞的，这类泥鳅与患毛细线虫病的病鳅极相似，头大、颈细、消瘦，发育不良，表现为出洞不愿游动，头尾颤抖，有时头颈挺直作划圈转动，食欲几乎丧失。解剖结果无毛细线虫病，无炎症，无肠道等脏器萎缩，心室正常，分别以核黄素和硫胺素加酵母拌蚯蚓饲喂，早期病则5天即有明显好转，但中晚期病鳅均相继死亡。

（3）维生素D

维生素D能促进动物体内钙、磷的吸收，直接关系到动物骨骼的发育。维生素D缺乏时，动物会发生佝偻病、骨骼、溶骨症、骨骼钙化不全等病症。喜欢晒太阳的动物一般不会发生维生素D缺乏，而泥鳅生性畏光，不可能由日光的作用带给它维生素D，故易发生骨骼弯曲的病症。在市场上常可发现身体折叠式弯曲的畸形泥鳅，就是患了维生素D缺乏症。这就要求所配泥鳅饲料中，务必补充维生素D。

（4）维生素E

维生素E的生理功效较为广泛，除有抗不育、维持正常的繁殖能力外，主要是作为抗氧化剂，使细胞膜上的不饱和脂肪酸免受氧化，从而保持细胞膜的完整性和正常功能；保护红细胞膜，使之增加对溶血性物质的抵抗力；保护巯基不被氧化从而保护许多酶的活性。此外，维生素E还参与调节组织呼吸和氧化磷酸化过程，并促进促甲状腺激素、促肾上腺皮质激素以及促性腺激素的产生。维生素E同硒与胱氨酸的共同作用，可预防肌肉营养不良所带来的表皮渗透失衡。人工配合饲料中的抗氧化剂也可采用维生素E。对于泥鳅来说，维生素E是具有多种功效的。

（5）维生素K

维生素K具有促进血液凝固的作用，促进肝脏合成凝血酶原及凝血因子；参与氧化还原过程，缺乏时肌肉中的三磷腺苷和磷酸

肌酸含量减少，三磷腺苷的活力下降；维生素K能增加胃肠蠕动和分泌功能，缺乏时平滑肌张力收缩减弱；维生素K还可预防感染。一般来说，作为变温动物的泥鳅是不可能大量出血的，因为变温动物具有凝血时间很短暂的特性。但是在高密度养殖状态下，饲料中长期缺乏维生素K，凝血酶原的合成受到抑制，即血液失去凝固特性，肌体一旦受伤，即引起大出血现象，甚至在肠道、腹腔等脏器内，也会发生大出血，如毛细线虫在穿过泥鳅肠道进入腹腔时，就产生大出血。维生素K是促进凝血酶原合成的促进剂。试验证明，在因大出血而死亡的成鳅池中，加喂维生素K，2天后就再不见血迹和死鳅了。

5. 矿物质

作为添加剂的矿物质实际上是以无机盐的形式存在的。它是动物机体组织及细胞、骨骼的重要组成部分，也是维持和促进生命活动的必需物质。无机盐在动物体液内作为离子存在，与体液渗透压的动态平衡和pH的调节具有直接关系，即无机盐与动物机体的构成成分是一种有机结合，故无机盐在动物机体的生化作用具有重大意义。泥鳅所需要的元素有常量元素和微量元素两个类型，常量元素有碱性元素钾、钠、钙、镁和酸性元素硫、氯、磷；微量元素有铁、铜、铬、锰、锌、钼、硒、碘。矿物质是水生动物生长所必需的一类营养素，一旦缺乏则导致代谢紊乱，产生缺乏症。矿物质缺乏症很少发生，因为水生动物对矿物质的需求量很少（Ca和P除外），而且它们可从饲料和水中获得无机盐。各种无机盐之间及矿物质与其他营养素之间存在着复杂的关系，而这些关系都会影响到水生动物对某种矿物质的需求。原因主要有以下几方面：

①饲料和水中可溶性矿物盐均不足。水生动物可从饲料和水中获得无机盐，如果饲料和水的含量均不足，或含量均足但有效性

（溶解性）差，则可导致矿物质缺乏症。

②饲料中其他矿物质含量的影响。矿物质之间存在着复杂的关系，某一种矿物质含量过多，往往会影响到另一种或几种矿物质的吸收。

③饲料中其他营养素的影响。矿物质与其他营养素之间存在着密切的关系，其他营养素含量的增加或减少，则往往减弱泥鳅对矿物质的吸收。

钙、磷是动物肌体所需矿物质中比重较大的，也是重要的成分，其中有99%的钙和80%的磷构成动物的骨骼。它们均以化合物的形式存在，而且钙、磷之间是按较严格的比例互相结合的。如果钙、磷之间的比例失调，将导致其利用受阻，并影响到其他各种元素的作用。其直观病变主要是泥鳅骨质软化，体态瘫软，游动困难。由于野生状态的泥鳅密度低，较易获得钙、磷营养素，故很难发生骨质不钙化的现象，国内外也无这方面的记载。根据一般鱼类对钙、磷的比例要求进行模拟试验，配合饲料中的磷含量应达0.99%，钙含量应达0.35%才可满足泥鳅生长所需，其来源主要为骨粉、鱼粉、磷、钙矿石等。其中，以自制猪骨粉和鱼头粉最佳。这两种自制粉，任意使用一种即可满足所需，而且可使泥鳅的增重提高6%。

钾、钠、氯是动物生化、生理平衡的必需元素，主要存在于动物的软组织和体液中，直接维护和调节体液渗透压及体液容量的平衡。要达到理想的催肥要求，能量及碳水化合物、蛋白质、脂肪、矿物质等营养物质在泥鳅体内合理分配，务必对体液（包括血液、胃液、胆液、胸液等）水分、电解质的酸碱平衡状态进行评估，为补酸或补碱的选定剂量提供较精确的数据，以达到综合反应过程的生理动态平衡。这一平衡的主导因素就是钾、钠、氯的平衡。钠离子和氯离子维持着生命功能，而且以其浓度和正离子的穿透能力

及输送功能来"调运"体液、水分，以维持渗透压、水分、电解质平衡。改变其一，则会引起细胞功能紊乱和水的分布障碍，最终导致肌肤内神经功能障碍，随即产生脱水，丧失表皮黏液代谢功能而死亡。

总之，无机盐的作用是不可忽视的。一般说来，凡是高等动物所必需的矿物元素对泥鳅也是必需的，只不过有些无机盐对泥鳅肌体的作用机理有待进一步研究。泥鳅摄取矿物质的能力很强，试验证明，有泥饲养与无泥饲养对比，有泥饲养泥鳅未发现严重矿物质缺乏症，患病率仅为4.7%，但无泥清水饲养患病率达31.9%，在加喂复合矿物元素3周以后，患病率降到23%。显然，有泥饲养可以提高泥鳅摄取矿物质的能力。在无泥饲养中只要加强矿物质营养的补充，同样可解决矿物质缺乏的问题。泥鳅较一般鱼类所需矿物营养要多一些，测试结果如下，每千克饲料中加入量：钙3.5克，磷9.9克，镁45毫克，锌70毫克，铜3.4毫克，锰16毫克，钴0.89毫克，硒0.78毫克，碘0.7毫克。食盐是补充钠与氯的原料，含钠39.3%、氯60.7%，一般食盐加入量1.5%即可，无须再加碘元素。人们常以硫酸亚铁、硫酸铜、硫酸锰、硫酸锌分别补充铁、铜、锰、锌常量元素，以碘化钾、碘酸钾补充碘的需求量，亚硒酸钠与硒酸钠用于补充硒，这说明矿物质元素均以化合物的形式提供。泥鳅所需矿物质是微量的，但作为反复性高密度养殖载体的条件下，务必人为予以补充，这是因为有限的载体在反复多年的养殖中，完全可将载体本身的矿物营养元素耗尽，更何况很多地区泥土中所含矿物质的成分及其含量并不可能全尽人意，甚至还有不少元素缺乏。不少养殖者在这一问题上得到过教训，且多以彻底换土加以解决，这是极不合算的。这也足以证明，矿物质在泥鳅生理功能方面所起到的不可忽视的重要作用。

（三）泥鳅饲料的种类

可以用作饲养泥鳅的原料种类繁多，其营养素组成和营养价值各异。为了合理地利用饲料原料，系统地了解各种饲料原料的特点，判断其在养殖生产中的地位和价值，便于学术交流和适应现代化动物生产发展的需要，对饲料进行恰当的分类很有必要。根据饲料的国际分类原则，按饲料特征，饲料原料可分成八大类：粗饲料、青绿饲料、青贮饲料、能量饲料、蛋白质饲料、矿物质饲料、维生素饲料、添加剂。

1. 蛋白质饲料

蛋白质饲料是指干物质中蛋白质的含量在 20% 以上，粗纤维的含量在 18% 以下的饲料。蛋白质饲料包括动物性蛋白质饲料和植物性蛋白质饲料两大类。

（1）动物性蛋白质饲料

来源于动物的饲料，如鱼粉、肉粉、血粉、蚯蚓粉，以及活的小鱼、小虾、昆虫、蚯蚓、蝇蛆和黄粉虫等。它们的共同特点是粗蛋白含量高，必需氨基酸齐全、平衡，生物学价值高，同时含粗纤维少、钙磷含量较高且钙磷比例适当，因而利用率高。此外，还含有较多的维生素 B 族，尤其是维生素 B_{12}。

①鱼粉。为最常用的动物蛋白质饲料。一般的鱼粉含粗蛋白 55%~60%，含有丰富的赖氨酸、蛋氨酸和色氨酸，另外还含有较多的钙、磷和碘。用人工配合饲料时，鱼粉与谷类饲料配合使用可以起到氨基酸的互补作用。鱼粉在加工和贮藏期间易受光、水、温度、氧、外界微生物的作用发生一系列的水解和氧化过程，使产品变质酸败生成有害有毒物质，一般判定鱼粉的质量除了营养指标外

还要考虑鱼粉的新鲜度指标。对鱼粉质量可根据其外观及感官简易鉴别（表4），必要时需实验鉴别。

表4　鱼粉的鉴别

鱼粉种类	色泽	气味	质感
优质鱼粉	红棕色、黄棕色或褐色	浓咸腥味	细度均匀、手捻无沙粒感，手感疏松
劣质鱼粉	浅黄色、青白色或黑褐色	腥臭或腐臭味	细度和均匀度较差，手捻有沙粒感，手感较硬
掺假鱼粉	黄白色或红黄色	淡腥味、油脂味或氨味	细度和均匀度较差，手捻有沙粒感或油腻感，在放大镜下观察有植物纤维

②肉骨粉。肉骨粉多属检疫不合格屠宰牲畜、禽、兽经高压高温消毒、烘干后细磨而成。因其骨骼含量的多少不同，肉骨粉蛋白质的含量也不一样，现有含量为45%、50%、55%等多种规格。钙含量有10%、9%、7%三种规格，磷含量有5.9%、4.7%、3.8%三种规格。很明显，钙含量高时，磷含量则低。肉骨粉的营养价值略低于鱼粉，但高于豆饼，适口性也较好，是泥鳅饲料的主要选择之一。

③血粉。它是屠宰副产品，最大特点是蛋白质含量特别高，可达80%~90%，其不足之处有两点：a.由于加工干燥时热量较高，因此，使得其中绝大部分赖氨酸的氨基消失，降低了赖氨酸的利用率。b.血粉的适口性较差，对于一般恒温动物而言，用量常常被限制在5%以内。在饲料配方中，高蛋白血粉是补充配方中蛋白质差额余量的最佳原料。

④蚕蛹粉。蚕蛹粉是丝绸厂副产品，蛋白质含量达65%，蛋氨酸、赖氨酸含量也较高，是一种上等动物蛋白饲料。现在丝绸业发展较快，养蚕业的发展无疑给养殖业增加了高蛋白来源。现在有不少养殖者大胆发展以桑养蚕、以蛹养鱼的低投入高效益模式。使用

蚕蛹养鳅，对蚕蛹必须先进行脱脂处理，再烘干磨细，同时还必须注意防霉变质。

⑤蚯蚓粉。蚯蚓粉是蚯蚓经灭菌、烘干后磨成，是泥鳅饲料配方中最佳品。蚯蚓粉除了本身质量好、易养价廉之外，还是最好的泥鳅诱食剂，故多用于对泥鳅的人工饲料的诱食。除上述的动物蛋白原料之外，还有蝇蛆粉、鲜螺粉、羽毛粉等，均可因地制宜地试用。

（2）植物性蛋白质饲料

常被称为植物性蛋白质饲料，粗蛋白含量高，一般在30%以上。饼粕是油脂工业制油后的副产品。凡油脂原料，如大豆、花生等经脱壳、粉碎蒸热、压榨脱油后所得到的副产品叫作饼；经脱壳、加热压扁成薄片，用溶剂己烷浸出油后所余下的副产品叫作粕。饼的含油量5%~6%，粕的含油量1%以下，饼的蛋白质含量低于粕，但都属于高蛋白质原料，只是饼经过高温处理后，其蛋白质的利用率相对降低。饼、粕都是泥鳅的上等饲料。

①豆饼、豆粕：大豆豆饼、豆粕的蛋白质和氨基酸的含量是所有饼、粕中最高的，对弥补大多数饲料中赖氨酸不足起到了极好的平衡作用。豆饼含蛋白质40%~46%（平均42%），含赖氨酸2.6%~2.7%、蛋氨酸0.6%；豆粕含蛋白质44%~50%、赖氨酸2.8%~2.9%、蛋氨酸0.65%。显然用豆饼、豆粕调节饲料中赖氨酸的含量是最简便不过的了，但由于豆粕生产过程中的加热温度不如豆饼高，大豆中所含红细胞凝集素、胰蛋白酶抑制素和皂角素三种有害物质大量残留于豆粕之中，故使用时需要蒸汽加热处理后才安全，这也是为什么生大豆制品不能作饲料的原因所在。在泥鳅饲料中，豆饼、豆粕主要是作为蛋白质补充、赖氨酸的平衡作用和脂肪的补充取用的。

②花生饼：花生饼是一种重要的蛋白质补充源，蛋白质45%

左右，且含纤维素低，不含毒素，含赖氨酸 1.55%、蛋氨酸 0.4%。但如果花生收获时处理不好，易霉变后产生黄曲霉毒素，该毒素对畜禽、鱼乃至对人都极有害，故应引起注意。

③芝麻饼：芝麻饼也是一种高蛋白的饲料来源，含蛋白质 40% 左右、赖氨酸 1.37%、蛋氨酸 1.45%，是所有饼类中含蛋氨酸最高的一种。如果与豆饼、花生饼一同配用，将给氨基酸的平衡起到很好的作用。另外，还有棉籽饼、菜籽饼、葵花籽饼，这类饼均因蛋白质含量较低或有一定毒性物质，不宜采用。

2. 能量饲料

能量饲料是指含能量高（消化能大于 10.45 兆焦 / 千克）、粗纤维含量较低、易于消化的饲料。常用的能量饲料有谷物类（玉米、大麦、小麦、燕麦、稻谷等）及饲用油脂。谷物类饲料具有高能量、低蛋白质、低氨基酸、低维生素、低矿物质等特点，每千克含代谢能 12.55 兆焦以上，蛋白质含量在 10% 左右，作为变温动物对代谢能的需要是足够的，但蛋白质远远不够，泥鳅饲料中只是在作为黏合剂时，才被采用。氧化、酸败油脂对水产动物危害很大，易引起贫血、瘦弱等疾病，在使用高不饱和脂肪酸时应随脂肪用量添加维生素 E，以减少氧化油的危害。

3. 添加剂

饲料添加剂是向饲料中添加的少量或微量的物质，目的在于补足某种营养物质，满足泥鳅的营养需要，促进泥鳅的生长发育，同时提高饲料利用率，提高泥鳅的抗病力，减少病害的发生。饲料添加剂的种类很多，除常用的营养性添加剂外（如矿物质、维生素和氨基酸添加剂），还有防病治病的抗病保健性添加剂、黏合剂（主要用于颗粒或条状饲料的黏合和诱食剂的黏合，有 α - 淀粉、谷朊粉、明胶、魔芋粉、琼脂、藻胶、羧甲基纤维素、木质素磺酸盐等）、诱食剂（主要有蚯蚓粉、蚯蚓浆、蚯蚓酶、螺蚌粉等，也有用臭蛋浆作诱食剂的）。同时，为了保证配合饲料的质量，还添加抗氧化剂（维生素 E、丁羟基甲苯、丁羟基苯甲醚）、防霉剂等。在饲料添加剂的使用中，要严格掌握添加剂品种的种类和用量，因某些品种之间有颉颃作用，使用不当就会降低饲料转换率，甚至发生中毒。此外，滥用抗生素类添加剂还会增加抗生素的残留，而有害于人体健康，降低其经济效益，还会污染环境。所以，饲料添加剂的选用要遵循安全无公害、经济和科学的原则。

（四）泥鳅的人工配合饲料的配制

在传统的养殖方式中，鱼类食物主要来自水体饵料生物（浮游生物和底栖生物等）及各种水生、陆生青饲料。随着养殖生产发展方式的变革，放养密度大幅度提高，而且养殖对象多为吃食性鱼类，集约化养殖、工厂化养殖的进一步兴起与发展，对投喂配合饲料的依赖性日益增加，在现代化养殖业中，配合饲料将发挥越来越重要的作用。国内外市场上早就生产鳗鱼饲料、鳖饲料、家鱼饲料等具有较高转化率和较低饵料系数的人工配合饲料，但尚无用于泥鳅养殖的人工配合饲料。随着泥鳅饲养规模的扩大，饵料的需求量也日益增大，若鲜活的动物性饵料（如蚯蚓、蝇蛆等）不能满足需要时，就必须大力发展人工配合饵料，才能保证泥鳅养殖业的健康发展。

1. 人工配合饲料的优点

人工配合饵料饲喂泥鳅具有不少优点，一是人工配合饵料能提供全面的营养物质，满足泥鳅不同生长发育阶段的营养需要，促进生长发育和提高繁殖率；二是人工配合饲料适口性好，引诱性强，

促进泥鳅的摄食，提高饲料的利用率；三是便于贮存与保管，且不受季节等变化的影响，使用方便；四是人工配合饲料可使泥鳅摄食充分，可减轻水质污染。

2. 人工配合饲料的配制原则

（1）安全性原则

配制泥鳅饲料应把安全性放在首位。只有首先考虑到配合饲料的安全性，才能慎重选料和合理用料。慎重选料就是注意掌握饲料质量和等级，最好在配料前先对各种饲料进行检测，也就是要做到心中有数。凡是霉败变质、被毒素污染的饲料都不准使用。饲料本身含有毒物质者，如棉籽饼、菜籽饼等，应控制用量，做到合理用料，防止中毒。要充分估计到有些添加剂可能发生的毒害，应遵守其使用期和停用期的相关规定。

（2）科学性原则

必须根据泥鳅在不同生长发育阶段的营养需要作为饲料配合的依据。在满足营养需要的前提下，应根据泥鳅摄食特点，注意配合饵料的形状、大小，以方便泥鳅捕食，同时还应加入诱食剂等，以吸引泥鳅尽快前来摄食。任何动物的饲料务必要求其营养成分和营养价值具有高度统一的平衡实用效应，要达到这一效应并非易事。营养价值的大小就是饲料转化率的大小，饵料系数越小转化率越高，反之，饵料系数越大转化率越低。为了弄清楚泥鳅对各种营养物质的消化率，须进行分别测定，而且还要根据所测各种营养物质的消化率进行综合配方，再测定。同时，对泥鳅在各种不同水温条件下进行探索性测定，以便综合制订出最佳水温中的最佳消化率和自然温度养殖条件下的不同消化率。在泥鳅所需各营养成分的来源测定准确的同时，还须考虑其中特殊的消化方式，如两种以上物质的"共协作用"，这种作用与两者单独作用的消化量是有差异的。又如多余式转化作用和补充式转化作用，即多余的蛋白质转化为正缺乏的能量等。饲料消化率的测定工作不是一下子就可完成的，需要结合长期的实践、观察，逐步趋向精准、合理。有了较准确的营养成分消化率，就可制定出饲料标准（在一定条件下，单位体重的泥鳅每日所需能量和营养物质的合理数量，即最佳长势、最低饲料消耗的数量）。

（3）经济性原则

选用原料必须符合因地制宜和因时制宜的原则，这样才可以充分利用当地的饲料资源，可以减少运输费用，以降低养殖成本；有条件的地方，应建立饲料基地，有计划地生产饲料，这样饲料供应既主动，又不会受到牵制。

3. 饲料配方设计方法

饲料配方设计的方法包括手工配方和电脑配方法。其中手工配方法容易掌握，但完成配方的速度慢。日粮配合的理想工具是电脑，电脑可以应用先进的线性规划法，迅速完成配方，而且可以把成本降到最低。电脑配方法现有出售的软件，其运算简单，不作详细介绍。下面只介绍手工配方法，供小型养殖场或个体户参考应用。手工配方法主要有试差法和线性规划法等。试差法运算简单，容易掌握，可借助笔算、珠算、电子计算器完成，在实践中应用仍相当普遍，现简要介绍如下：

①确定相应的饲养标准：根据泥鳅的品种类型、生长阶段、生产水平，查找泥鳅的饲养标准，确定日粮的主要营养指标，一般需列出代谢能、粗蛋白质、钙、磷、赖氨酸、蛋氨酸、蛋+胱氨酸等。

②确定饲料种类和大概比例：根据市场行情，提出被选饲料原料，在泥鳅饲料营养价值表中，查出选用饲料的成分及营养价值。

③初算：将各种饲料的一定百分比，按常用饲料成分表计算饲料的营养成分含量，所得结果与饲养标准进行比较。

④调整：反复调整饲料原料比例，直到与标准的要求一致或接近。如粗蛋白质含量低于标准，可用含粗蛋白质高的饲料（鱼粉、豆饼等）与含粗蛋白质较低的饲料（玉米、麦麸等）互换一定比例，使日粮的粗蛋白质含量达到标准。当代谢能低于标准时，可用含代谢能高的玉米与含代谢能低的糠麸等饲料互换一定比例，使日粮的代谢能达到标准。经过调整，各种营养已很接近标准时，最后加入矿物质饲料、微量元素、氨基酸和维生素，使其达到全价标准。

（五）泥鳅的饲料配方

目前，泥鳅的营养需要标准还没有制定，在进行泥鳅配合饲料配制时基本上是参照黄鳝、甲鱼、鲤鱼饲料配合方法，经实际生产应用证明其效果良好，能有效地达到降低饲料成本，促进泥鳅生长的效果。泥鳅的配方示例及营养指标见表5。

表5　泥鳅饲料配方示例及营养指标

	配合饲料	1	2	3	4	5
配方	水蚤 /%	0	6.5	7.5	9	11
	鱼粉 /%	9	4.5	4.5	0	0
	市售动物蛋白料 /%	8	8	7	8	8
	豆饼粉 /%	20	18	20	20	18
	小麦粉 /%	50	50	48	50	50
	米糠粉 /%	10	10	10	10	10
	矿物质 /%	3	3	3	3	3
营养指标	粗蛋白 /%	32.8	30.95	32.15	30.6	30.7
	粗脂肪 /%	18.7	18.1	18.2	15.6	13.3
	粗纤维 /%	5.13	5.45	6.04	5.5	5.49
	粗灰分 /%	8.4	8.7	8.9	8.1	8.5
	总能量 / (MJ·kg^{-1})	14.25	13.48	14.95	11.33	11.36

（六）投 饲 技 术

泥鳅养殖的三要素为水、种、饵，但在养殖成本中，饵料的投资最大，占养殖成本的 60%~70%。养殖产量的高低和养殖经济效益的好坏，除了取决于饲料的营养价值以外，很大程度上取决于饲养期间的管理水平，而投饲技术是饲养管理中的重要方面之一。泥鳅生活于水中，投饲不当，饵料不易被找到吞食，就会溶散水中，造成饲料浪费，动物生长不良，水中耗氧量上升，还污染了水质。因此，对泥鳅养殖来说，投饲技术尤其显得重要。一般地讲，泥鳅养殖必须掌握的投饲原则有"四看""五定"。

1. "四看"原则

（1）看季节

不同季节泥鳅活跃程度明显不同。在南方的春末到秋初与北方的夏季，是水温较高、光照时间较长的季节，泥鳅的生理代谢速度较快，此时如果营养供应不够，就会延缓它们的生长速度，错过生长与增重的好时机。冬季，泥鳅的生理代谢速度较慢，处于近乎休眠的状态，投饲量必须减少，甚至停止投饲。

（2）看天气

气候正常时，按计划正常投饲；气候为阴雨天、阵雨、闷热无风、雾天、气压低等非正常状态时，则灵活投饲。如下雨时，根据雨量大小及下雨时间的长短，或提前投饲，或推迟投饲，或减少投饲量，或停止投饲。

（3）看水色

水色和透明度正常时，按计划正常投饲；水色偏浓，透明度偏低时，投饲量可适当减少；水色淡，可适当多投饲；水色出现异

常，如发红、发白或变黑，或透明度突然变大时，则需查明原因，不可盲目投饲。

（4）看泥鳅的吃食情况

泥鳅摄食正常，活动良好时，投饲就要按计划进行。如果泥鳅活跃，抢食快，短时间吃完投饲的料，则应适当增加投饲量。当泥鳅抢食不明显或对投饲无反应，投饲后，在预定时间内不能吃完，检查食台有较多残饵时，应检查饲料的质量，泥鳅的体表、鳃、游动情况等。如果是生理引起吃食不佳，则应采取相应措施并减少投饲量，或对饲料进行适当的药物处理。

2."五定"原则

（1）定质

一是饲料的营养素含量必须满足泥鳅生长及繁殖的营养需要。二是饲料必须是保存良好、不变质的。如果使用的是天然饵料，就要清洁、新鲜，不能腐败变质；人工配合饲料确保在有效期内。饲料不能被污染混杂，避免饲料成分的氧化等导致饲料成分发生改变。

（2）定量

一旦确定了基本投饲量后，就要均匀适量地投饲，防止过多、过少，引起泥鳅饥饱失常而影响消化和生长。养殖过程中要随着泥鳅的长大而增加，还要随季节、气候、水质等而变化，按具体条件灵活掌握，切实做到"四看"。

（3）定时

定时投饲使泥鳅摄食规律化，提高胃肠的消化机能，保持旺盛的食欲。实践中应根据泥鳅的生活习性等情况确定每天投饲次数，定下具体的投饲时间，每天在相对固定的时间进行投饲。待池塘中的泥鳅集群到食台上摄食后，每天定时投喂饲料。一般日投喂两次，每天 8：00—9：00 投喂一次；14：00—15：00 时投喂一次；在生长的高峰季节，19：00—20：00 还应投喂第三次。在天气异常时，投饲时间可适当提前或延后。

（4）定位

为便于泥鳅摄食，投饲时要根据泥鳅的觅食习性确定投饲地点，建立合理的食场，将饲料均匀地撒在食场内，并随时观察泥鳅的吃食情况，检查残饵量，以及清理、消毒食场和进行疾病防治工作。

（5）定人。

上述各项投饲的原则都要依赖人来遵照执行。投饲应由固定人员负责进行，实行定岗定责。投饲人员要充分了解养殖水体的变化和泥鳅的生长、摄食情况，掌握水产养殖投饲的技术要点，理性分析遇到的各种情况，对每一天、每一次的投饲都要做到心中有数，并做好记录工作，保证投饲合理有序地进行。

3. 日投喂量

日投喂量是否适宜，关系到饲料效率和饲养成本。投喂量不足，泥鳅处于半饥饿状态，会造成泥鳅减重，引起群体激烈抢食，甚至相互残食。投喂过量时，不但饵料利用率降低，还会污染水质，严重时引起泥鳅患病。泥鳅的日投喂量应根据其大小、水温、水质和饲粮种类不同而有所不同。每天投喂的饲料量，要按水温的高低及池塘中泥鳅的摄食情况灵活掌握。当池塘水温高于 30℃ 或低于 10℃ 时，要相应减少日投饲量或停止投饲；在泥鳅生长的高峰季节，还要结合每天检查摄食的情况，科学地确定每日的投喂量，其中晚上的投喂量应占到全天投饲量的 50%~60%。

4. 日投喂次数

日投喂量确定后，投喂次数就关系到饲料效率和泥鳅的生长。泥鳅的日投喂次数，既要考虑泥鳅的营养需要，也要考虑泥鳅的饱食量。一般泥鳅每日投喂 1~2 次，可使泥鳅得到饱食感。具体操作时也要考虑泥鳅的大小、水温、水质和饲料种类。

5. 野生泥鳅的驯养

从自然环境中捕捉来的泥鳅，由于不适应人工饲养的环境，一般不吃人工投喂的饵料，需经一段时间的驯养，才能逐渐摄食。其驯养的方法是，鳅种放养 3~4 天内不投饵，再将池水放干，灌入新清水。泥鳅已处于饥饿状态时，可在晚上进行引食。引食的饵料最好选用泥鳅最喜爱吃的蚯蚓浆成分的饵料，分成几小堆，投放在近进水口处，并适当进水，造成微流。其投饵量：第一次的投饵量为鳅种总体重的 1%，第二天早上检查，若全部吃光，则投喂量可增加到总体重的 2%，在水温 20~24℃时投饵量可增加到总体重的 3%~4%。若当天的饵料吃不完，必须将剩饵捞出，次日仍按前一天的投饵量投喂，直至正常吃食，驯养就算成功了。

五、人工繁殖技术

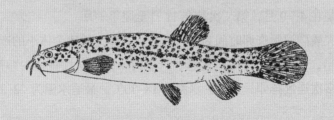

（一）泥鳅的繁殖生理

1. 泥鳅的生殖季节

长江流域泥鳅生殖季节在 4 月上旬，水温达 18℃以上时开始，直至 9 月，产卵期较长。4 月上旬开始产卵（体长小于 13 厘米的个体产卵时间要推迟 1 个月左右），5—6 月是产卵盛期，一直延续到 9 月结束。每个个体都是一次性将体内的成熟卵全部排出体外，由于个体发育程度不同，故从整体上看 4—9 月是连续产卵过程，产卵结束后，卵巢继续生长，11 月到翌年 1 月，所有的泥鳅卵巢中又有成熟的卵母细胞，此时又可以产卵。泥鳅一年产卵两次，第一次是在 4—9 月，第二次是在 11 月至翌年 1 月。

大鳞副泥鳅产卵时间为 3—10 月，个体大的比个体小的产卵时间要早，比泥鳅产卵时间要长，产卵时不是一次性将体内卵排完，而是多次连续排卵，繁殖的水温为 18~30℃，最适水温为 22~28℃。

2. 泥鳅的性成熟

泥鳅一般 2 龄性成熟，为多雌性产卵鱼类。雌鳅性成熟较雄鳅迟，体长 5 厘米时，雌鳅体内有 1 对卵巢，体长 8 厘米时，2 个卵巢愈合在一起，成为 1 个卵巢，并由前端向后端延伸，这时整个卵巢发育开始成熟。雄鳅最小性成熟个体体长在 6 厘米以上，性成熟较雌鳅早，雄鳅精巢 1 对，位于腹腔两侧，呈带状且不对称，右侧的精巢比左侧的长而狭窄，重量也轻一些，当雄鳅体长为 9~11 厘米时，精巢内的精子约有 6 亿个。

3. 雌鳅怀卵量

雌鳅怀卵量因个体大小不同而有很大差异。最小性成熟个体体长 8 厘米，怀卵量约 2 000 粒，体长 10 厘米的怀卵量为 7 000~10 000 粒，体长 12 厘米的怀卵量 12 000~14 000 粒，体长 15 厘米的怀卵量为 15 000~18 000 粒，体长 20 厘米怀卵量为 24 000 粒左右。怀卵量最多的可以超过 6.5 万粒。由于卵在卵巢内成熟度不一致，每次排卵量为怀卵数的 50%~60%。

4. 泥鳅的产卵

泥鳅产卵往往在雨后、夜间或凌晨，常选择有清水流的浅滩，如水田、池塘、沟港等作为产卵场。产卵前，时常有数尾雄泥鳅追逐一尾雌泥鳅，并不断用嘴吸吻雌泥鳅头、胸部位，最后由一尾雄泥鳅拦腰环绕挤压雌泥鳅，雌泥鳅经如此刺激便激发排卵，雄泥鳅排精，进行体外受精。泥鳅受精卵具比较弱的黏性，黄色半透明，可黏附在水草、石块上，随着水的波动，极易从附着物上脱落沉到水底。一般在水温 19~24℃时经 2 天孵出嫩苗。卵圆形，卵径 0.8~1 毫米，吸水后膨胀到 1.3~1.5 毫米，卵黄色，为半黏性，黏附力不强。刚孵出的泥鳅苗约 3.5 毫米，身体透明呈痘点状，吻端具黏着器，附着在杂草和其他物体上。经约 8 小时，色素出现，体表渐转黑色，鳃丝在鳃盖外，成为外鳃。3 天后卵黄囊逐渐消失，开始摄食生长。经约 20 天，苗长 15 毫米，此时的形态与成鳅相似，呼吸功能也从鳃呼吸转为兼营肠呼吸。

（二）亲鳅的来源与选择

1. 亲鳅的来源

用于人工繁殖的泥鳅亲本有三种来源：一是从天然水域捕捉；二是从其他部门或市场上收购；三是从人工养殖泥鳅中选留。其中第一种来源较经济，自己捕捉后在 3~4 天之内可选择成熟者在生殖季节进行繁殖催产。第三种来源最可靠，选择余地较大。而市场收购得来的往往是几经周转，或经过较长时间蓄养，或经过蓄养后运输，泥鳅损伤较大，必须严格筛选，并经过一段时间精心培育之后才能使用。人工繁殖用的亲鳅尽量避免长时间蓄养，因而最好采集临近产卵期的天然泥鳅，在进行数天的强化培育后，当水温稳定在 20℃ 左右时，进行人工繁殖。

2. 亲鳅的雌雄鉴别

泥鳅雌性、雄性在成体阶段的主要区别是胸鳍、背鳍和腹鳍上方体侧白色斑点痕的不同，生产中主要观察泥鳅胸鳍形状确定雌雄。泥鳅亲鱼个体比一般淡水鱼亲鱼个体小，而且泥鳅体表黏液多，观察时易从手中脱落。正确的方法是：将捕到的泥鳅，放在白脸盆或白瓷碗中，待其安静不动后，鳍自然展开时观察，便较易辨认了。在生殖季节特征更是明显。其主要区别见表 6。

如在雌泥鳅腹鳍上部出现白色斑点状伤痕，这是当年已产过卵的雌泥鳅的标志。产卵期间所捕获的雌泥鳅往往都有这种标志。一旦出现这种标志，便不能再用作当年繁殖用亲泥鳅。一般可根据伤痕深浅来估计雌泥鳅产卵的好坏，一般伤痕深，产卵性就会比较好。

表6　雌泥鳅、雄泥鳅外部特征辨认

特征出现时期	观察部位	雌泥鳅	雄泥鳅
	体形大小	近圆筒形的纺锤状，较肥大	近圆锥形的纺锤状，较瘦小
体长大于5.8厘米	胸鳍	雌泥鳅胸鳍比较短，前端椭圆形，鳍条平展在同一平面上	雄泥鳅胸鳍较大，前端尖形并向上翘，第二根和第三根鳍条比后面的鳍条要长，前面四根鳍条比其后面的鳍条要粗一些
生殖期	背鳍	没有肉质隆起	背鳍末端两侧有肉质隆起
生殖期未产卵	腹鳍	膨大	不膨大
产卵后	腹鳍	腹鳍上方体侧有白色斑点的产卵记号	没有白色斑点

3. 亲鳅的选择

泥鳅一般2龄达到性成熟，3龄以上，个体大的雌鳅怀卵量大，繁殖的鳅苗质量好，生长快。因此，雌亲鳅的体长最好是20厘米，体重40~50克。如果选不到，体长13厘米以上的个体，体重15~20克的，也可选用。观察亲鳅，从鳅的背部向下观察雌鳅的腹部时，能看见腹部是白色的，这样的雌泥鳅发育良好。雄鳅个体最好和雌鳅相称，每组雌、雄各1尾。如果选不到，那么也可选用雄鳅体长10厘米以上，体重15克左右的个体。每尾雌鳅配雄鳅2~3尾为1组。雄鳅小，它的精巢中精子也较少，所以配组的雄鳅尾数要相应增加。选择亲鳅时要注意雌雄尾数的配比，一般雌、雄比为1：（2~3），雄鳅适当多准备些。

（三）亲鳅的培育

泥鳅亲本强化培育是泥鳅人工繁殖中比较重要的技术环节，亲本培育的好坏，直接影响到所产卵的数量和质量，甚至还关系到鳅

苗的体质和成活率。亲本培育好了，其产卵的数量就会多，质量也更好，以后孵出的鳅苗就会个体均匀，体质健壮，成活率高。通过泥鳅亲本的强化培育，使其体质增强。对已产过一部分卵的泥鳅，可恢复产卵；对未成熟的泥鳅，能使其较快达到性成熟，提前产卵。泥鳅亲本的培育一般在亲本强化培育池中进行，其培育过程如下：

1. 培育池的建造

根据养殖规模，泥鳅亲本强化培育池大小在 50~100 米^2，深80~120 厘米，水深保持 40~50 厘米。池底夯实，池壁要较硬，防止泥鳅钻洞，也可以用塑料膜贴面。进水口、排水口应设网栏。池底铺垫富含腐殖质的软土或软腐泥 20 厘米左右。

2. 培育池的消毒

在亲泥鳅放养前，池塘先用漂白粉或生石灰清塘，每平方米用漂白粉 10 克或生石灰 100 克，用水溶化后全池泼洒。不管用什么药物清塘，必须经过 7~10 天待药性全部消失以后，才能投放泥鳅亲本，而且在放养前要试水。

3. 泥鳅亲本的放养

亲鳅入池前用 15~20 克 / 升高锰酸钾溶液或 3%~5% 的实验溶液浸洗 3~5 分钟，杀灭体表病原菌、寄生虫等。放养时注意亲鳅运输水温与养殖池水温温差不宜超过 3℃。泥鳅亲本培育的放养密度以 25 尾 / 米^2 左右较适宜，太少浪费资源，太多了又不利于泥鳅的摄食，水质也不太好控制。如果采用人工繁殖，在泥鳅产卵前 1 个月，还要将雌雄泥鳅分开饲养，以防止部分早熟的个体提前产卵，导致以后孵出的鳅苗规格不整齐。

4.饲料投喂

泥鳅亲本培育的目的是要在泥鳅产卵前快速提升泥鳅的体质，积累充足的能量和蛋白质，保证卵粒的数量和质量，因此，在强化培育期间，饲料投喂要以精料为主。常投喂的饲料以鱼粉、豆粕、菜粕、蚕蛹粉、蚯蚓、麦麸等为主，添加适量酵母粉和维生素。水温 17~25℃时，饲料中动物蛋白含量 10% 左右，植物蛋白 30% 左右。随水温增高，逐渐增加动物蛋白质的含量：当水温达 20℃ 以上时，饲料中动物蛋白质含量增加到 20%，植物蛋白减至 20%。掌握日投喂量为池中泥鳅体重的 5%~7%。培育期间适当追肥，使水色为黄绿色，水质保持肥、活、爽。要定期换水，每次换水量为1/4 左右。池中要放养水草，保持良好的培育环境。还可以在池面上设置诱虫灯，引诱昆虫投入水中，作为泥鳅的活饵料。同样要根据实际情况，做到"四定"：定时、定量、定质、定位。

（四）自然产卵繁殖

泥鳅是产卵时间拖得很长的鱼类。在泥鳅产卵时，可以在泥鳅较集中的地方设置鱼巢，诱使泥鳅在上面产卵受精，然后收集受精卵进行孵化。为了收集较多的受精卵，可以采用天然增殖措施，即选择环境较僻静、水草较多的浅水区施几筐草木灰，而后按每亩施用 500 千克的猪、牛、羊等畜粪。周围要采取有效的保护措施，防止青蛙等的侵袭，这样便可诱集大量泥鳅前来产卵，收集较多的受精卵。专门建造产卵池、孵化池，创造人工环境，让泥鳅在专用池中自然交配产卵，并用鱼巢，可收集大量受精卵，然后在孵化池中人工孵化，这种方法更为实用。

1. 产卵池的准备

产卵池的面积不宜太大，3~15 米^{2}即可，水深保持 15~20 厘米，以便于操作管理。一般自然产卵繁殖可利用亲本培育池作产卵池，或用其他较小的土池、水泥池均可，规模小的甚至可用水箱、木桶等。不管选用什么条件，首先，要对池塘或用具进行彻底的消毒处理，杀灭野杂鱼、小青蛙及其他有害生物。消毒药物可选用生石灰、漂白粉，生石灰用量为 100 克 / 米^2，漂白粉用量为 20 克 / 米^2。其次，要移植适量的水生植物，如蒿草、稗草等作鱼巢，或放养水浮莲、水葫芦等。池周还要设置防蛙、防鸟和防逃设施。

2. 鱼巢的准备

除了在产卵池中种植水生植物作为鱼巢外，还可以增设质地柔软、不易腐败、能漂浮在水中的杨柳须根、棕片等作为人工鱼巢。人工鱼巢必须经过清洗消毒或蒸煮方可使用，一般用高锰酸钾 20 克 / 米^{2}浸泡 20 分钟左右，棕片要用石灰水浸泡 2 天后再用清水浸泡 1~2 天，取出晒干。晒干的鱼巢扎把后用绳子或竹竿穿起来，放入池中即可。

3. 亲鳅入池

亲鳅雌、雄按 1 ：（2~3）比例放入产卵池。入池宜选水温20℃以上的晴天进行。

4. 泥鳅卵收集

鱼巢须固定在产卵池的四周或中央，如果是用竹竿穿起来的鱼巢，也可一排一排平行排列。另外，还要在鱼巢下设置盛卵纱框以接收脱落下来的受精卵。盛卵纱框可用木制框钉上纱窗布并拉紧，放入时用石块压住。已附有受精卵的鱼巢和盛卵纱框要及时取出，放入孵化池孵化，以免受精卵被大量吞食。由于泥鳅卵黏性较差，操作时要特别小心，防治受精卵脱落。附卵鱼巢取出后，要同时放入新的鱼巢，为尚未产卵的泥鳅提供产卵场地。当水温在20℃以下时，泥鳅往往在第二天凌晨产卵。5—6月水温较高时泥鳅多在夜间或雨后产卵。自然产卵一般要持续到第二天10：00左右才结束。泥鳅卵有成熟卵、未成熟卵、过熟卵和未受精卵四种，收集时应注意鉴别。

①成熟卵：成熟卵有微黏性，是理想的鳅卵。在体外受精以后，颜色为橘黄色，半透明状，因有微黏性可以附着在鱼巢上孵化。

②未成熟卵：鳅卵刚产出后是黄色，遇水后2~3分钟成白色，无黏性，颗粒小。

③过熟卵：鳅卵过熟，失去了受精能力，因此，在生产上毫无作用。鳅卵产出后，可以看到和成熟卵几乎同样的橘黄色，所以不易识别。过熟卵遇水后，4分钟至1小时后变成白色。如再继续下去，就是晚期的过熟卵，这种鳅卵在雌鳅体内即行分解。

④未受精卵：鳅卵成熟了，排出体外，但由于雄鳅的精子失去了进入卵子的机会，以致未能受精。这种鳅卵经过4~5小时，或10小时以上，鳅卵变成白色的死卵。

（五）人工催产繁殖

如果让泥鳅自然产卵，每条雌鳅产卵的时间不同，有早有晚，有的4月下旬就能产卵了，而有的能拖到8月、9月才产卵，这样很不方便生产管理，费时费力费工。人工催产繁殖，就是采用人工方式给泥鳅注射催产激素，然后用人工授精的方法得到受精卵的过

程。人工繁殖可以使亲鳅集中产卵，使卵集中孵化，可以得到大量的规格一致的鳅苗，有利于规模化生产。所以，有技术、有经验的养殖户最好实行泥鳅的人工繁殖。选择成熟的亲鳅，亲鳅体长都在13厘米以上时，1：（2~3）的比例配组。

1. 人工催产常用工具

进行泥鳅催产，应准备的常用工具有：小研钵 2 个，用来研磨脑垂体和精巢；1~2 毫升医用注射器及配套针头，用来注射催产药物；剪子、手术刀、镊子各 2 把，用来摘取雄鳅精巢；家鹅的硬羽毛数支，用来搅拌精液和卵子；500 毫升或 1000 毫升棕色玻璃瓶 1 个，用于存放格林氏液；10 毫升或 20 毫升吸管 2 支，用于吸取格林氏液；500 毫升烧杯数只，用于存放卵和精液；数条毛巾，用于注射时包裹亲鳅；木桶或水盆数只，用于催产前存放亲鳅。

2. 泥鳅人工催产的常用药物及其配制

人工催产常用的药物有三种：鲤鱼或鲫鱼的脑垂体、人绒毛膜促性腺激素（HCG）和促黄体生成素释放激素类似物（LRH-A），DO 酮（DOM）多巴胺合成抑制剂（RES）。脑垂体要从活鲤鱼或活鲫鱼头上取，HCG、LRH-A、DOM 和 RES 可以向厂家购买。催产药物的制取和配制方法如下。

（1）脑垂体的制取和配制

鲤鱼或鲫鱼脑垂体要在冬天或春天摘取。先捉住一条 500 克以上的活鲤鱼或者 250 克左右的活鲫鱼，用电电昏或用锤子敲昏，用剪刀剪开眼上方的头盖骨，露出鱼脑，然后剪断脑与眼相连的较粗的白色脑神经，把整个鱼脑向前翻起，即能见到一粒白色小米粒大小的脑垂体，留在鱼脑下面的一个小窝内。用镊子沿脑垂体柄轻轻钩起，再用镊子小心将脑垂体托出，放到盛有丙酮或无水酒精的瓶子里。每次可以多取一些脑垂体，放在瓶子里，以后每隔 4~6 小时更换一次丙酮或无水酒精，连续脱水 8~12 小时后，取出晾干，再放在小瓶内密封保存。也可以直接保存在丙酮或无水酒精瓶中密封，直到用前晾干。用的时候，先用研钵把晾干的脑垂体研成细粉，再逐渐加入格林氏液，搅拌均匀，将脑垂体配制成悬浊液。一般用量为每尾亲鳅用 1 个垂体和 0.2 毫升格林氏液配成的悬浊液。

格林氏液的配方为 1 000 毫升蒸馏水中加入氯化钠 7.5 克、氯化钾 0.2 克和氯化钙 0.4 克，充分溶解。也可以用购买的医用生理盐水代替格林氏液。

（2）催产剂的配制

一般按体重每尾雌鳅 RES 5 微克 / 克 +LRH–A 0.1 毫克 / 克（雄鳅减半）或 HCG 4 国际单位 / 克 +DOM 5 微克 / 克（雄鳅用药量减半），由于注射量比较小，所以配制时，可以取几尾鱼的用量，然后用几尾鱼的格林氏液剂量，溶解后用注射器抽取每条泥鳅所需量进行注射。也可以用医用生理盐水代替格林氏液。

（3）亲鳅成熟度的鉴别

常采用"一看二摸三挤"的方法。首先目测亲鳅的体格大小和形状。一般较大的泥鳅在生殖季节雌鳅腹部膨大、柔软而饱满，并呈略带透明的粉红色或黄色；生殖孔开放并微红，表示成熟度好、怀卵量大。如果检查卵的发育程度，可轻压雌鳅腹部，卵即排出，呈米黄色半透明，并有黏着力则是成熟卵。雄鳅腹部扁平，不膨大，挤压有乳白色精液自生殖孔流出，遇水散开，镜检精子活泼，表示发育好。

（4）进行泥鳅人工催产

当发现亲鳅培育池的个别雌雄亲鳅有追逐现象后，就可以进

行人工催产，选一个晴朗的日子，把亲鳅捕捉上来。泥鳅溜得快，易粘泥，不好捕捉，通常用泥鳅笼捕捉、脸盆诱捕和干池清捕。泥鳅笼捕捉是夜晚将密眼泥鳅笼放入亲鳅池，泥鳅夜晚出外觅食被捉。脸盆诱捕是在洗脸盆里放上饵料，盆面上罩一块塑料布绑紧。塑料布上捅一两个拇指大小的洞，然后把洗脸盆放亲鳅池底泥中，盆上沿与泥面相平，露出盆口，晚上泥鳅出外觅食，被饵料引诱而钻入脸盆中，第二天清晨就可以收获亲鳅了。干池清捕就是放干池水，清除底泥，边清边将泥鳅捡出，捕出的亲鳅暂养于水桶或大盆中，等待催产。人工催产多在当天下午或傍晚进行，这样亲鳅正好在第二天凌晨或上午发情产卵，有利于生产操作。

泥鳅体表黏液多，较难徒手提持，为了方便注射催产药物，注射时需用干毛巾将泥鳅包裹，然后掀开毛巾一角露出要注射的部位进行注射。也可以使用少量的麻醉剂先将泥鳅麻醉，注射催产剂后，立即放入产卵池中，泥鳅会很快苏醒。麻醉药可选用可卡因、普鲁卡因或 MS-222 等。可卡因的用量为 50 千克水配 0.1 克即可，在这种浓度中亲鳅仅需 2~3 分钟就可麻醉。不管使用哪种麻醉药，在大量使用前必须用少量的泥鳅先做试验，以充分了解用药的浓度和时间，然后再批量使用。

人工催产时，捞出亲鳅，用湿毛巾包住，进行腹腔注射或肌肉注射。肌肉注射要露出背部，注射器与鱼体呈 30° 角，针头朝向亲鳅头部方向，扎在侧线与背鳍之间的肌肉上，入针深度为 0.2 厘米，再把药液慢慢推入；腹腔注射要把泥鳅翻过身来，腹部向上，注射部位是腹鳍或胸鳍基部，先抬起鳍条，从鳍基部无鳞处由后向前插入针头，注射器与鱼体呈 30° 角，入针深度为 0.2 厘米，再慢慢推入药液。为防止进针太深，可以用细胶管套住注射针基部，只露 0.2~0.3 厘米的针头。

将注射后的亲鳅放入网箱或水缸内，待其发情时再捞出进行人工授精。也可以把注射过药的亲鳅放入产卵池中，同时放入人工鱼巢，让其自然产卵受精。

（5）人工催产后泥鳅的自然受精

泥鳅在注射催产剂后至达到发情高潮的时间叫效应时间，效应时间的长短与亲鳅成熟度、激素种类、水温等有关。在其他条件相同的情况下，水温越高，效应时间越短。一般地，水温20℃时，效应时间为15~20小时；水温21~23℃时，效应时间13小时；水温25℃时，效应时间为11小时。所以，我们要根据催产时水温的高低来推算泥鳅的发情产卵的时间，合理安排注射催产剂的时间。如果采用人工催产、自然受精，则要安排发情产卵时间在22：00至凌晨为好。注射催产剂后的亲鳅放养在产卵池中自然交配产卵受精。亲泥鳅在未发情之前，一般静卧在产卵池的底部，只有少数上下窜动。接近发情时，雌、雄泥鳅以头部或身体相互摩擦，呼吸急促，鳃部开合迅速。雌鳅逐渐游到水面，雄鳅紧跟着追到水面，并进行肠呼吸，从肛门排出气泡。当有部分泥鳅开始追逐时，其他的泥鳅也跟着追逐。如此反复数次，所有的泥鳅便渐渐达到高潮。当临近产卵时，雄鳅会卷住雌鳅的身体，雌鳅产卵，接着雄鳅排精，这是一次交配产卵的过程。这一次结束后，雌、雄泥鳅暂时分别潜入水底。稍停后再开始追逐，雄鳅再次卷住雌鳅，雌鳅再次产卵，雄鳅再次排精。这种交配产卵的动作要反复进行8~12次，体形大的泥鳅次数可能会更多。持续时间3~4小时。每尾雌泥鳅一个产卵期共可产卵3 000~5 000粒，一般每次产出200~300粒。受精卵附着在鱼巢上，附着的卵粒较多时，应及时取出，换进新的鱼巢。

（6）泥鳅的人工授精

如果采用人工催产、人工授精的方法，那么则要安排发情产卵

的时间在早晨至中午的这段时间，以便于生产人员进行操作。亲鳅注射催产剂后放入产卵池，待药物的效应时间到后，亲鳅便开始发情产卵。

进行人工授精操作时，先捞出雄鳅，剖开腹部，取出精巢，用剪刀剪碎，放入研钵，加入格林氏液或 0.7% 的生理盐水，制成稀释液，此液在 3~4 小时内有效。一般 2~3 尾雄鳅的精巢加 30~50 毫升生理盐水。然后捞出雌鳅，用毛巾包好，仅露出肛门至尾部一段，下面接上烧杯，左手托住泥鳅，右手从前至后轻压雌鳅腹部，使成熟的卵子流入烧杯中，随即加入精巢稀释液，用羽毛轻轻搅拌，让卵子充分接触精液受精。静置 5 分钟后，用清水漂洗几遍，洗去血水和污物。再将受精卵均匀撒在窗纱或鱼巢上，移至网箱或育苗池中孵化，或将受精卵脱黏后移入孵化桶（缸）或环道中，进行人工孵化。

在进行人工授精过程中，如果发现挤不出卵子，则不要硬挤，可另换一条雌鳅，而把这条雌鳅放入浅水中再发育一段时间。

（六）孵　　化

1.胚胎发育

泥鳅的孵化过程实际上就是胚胎发育的过程。泥鳅卵圆形，直径 0.8 毫米左右，受精后因卵膜吸水膨胀，卵径增大到 1.3 毫米，几乎完全透明。成熟卵黏性，卵球分化为动物极和植物极。动物极为原生质集中的一端，植物极为卵黄集中的一端。将带有受精卵的鱼巢放入水中进行孵化，水温 20~23℃。泥鳅受精卵的胚胎发育分为 29 期，然后进入鱼苗期（表 7）。

表7　泥鳅的胚胎发育

阶段	发育期	特征	胚长/毫米	肌节/对	时间 受精后	时间 持续时间
1	受精期	卵呈球形，透明，橙黄色，卵膜吸水膨大	—	—	—	30~50分
2	胚盘形成期	胚盘隆起高度达卵黄1/3左右，呈透明状	0.84~0.85		30~50分	10分
3	2细胞期	纵裂为2个细胞	0.85~0.92		40分~1小时	20~30分
4	4细胞期	纵裂为2排4个细胞	0.85~0.9		1~1.5小时	15~20分
5	8细胞期	分裂成2排8个细胞	0.85~0.92		1小时15分~1小时50分	30~50分
6	16个细胞期	分裂成4排16个细胞	0.85~0.92		1小时45分~2小时5分	15~20分
7	32个细胞期	4排共32个细胞	0.80~0.9		2小时~2小时50分	30~50分
8	64个细胞期	8排共64个细胞，大小不整齐	0.8~0.89		2小时45分~3小时20分	35分
9	128个细胞期	横行分裂为128个细胞	0.8~0.9		3小时20分~3小时35分	25分
10	桑椹期	动物极细胞呈桑椹状，细胞界限不清楚	0.85~0.92		3小时45分~4小时5分	35分
11	高囊胚期	囊胚层举起	0.85~0.92		4小时~4小时45分	45分
12	低囊胚期	囊胚层高度下降，细胞减小	0.83~0.9		4小时45分~6小时15分	1小时30分~2小时15分
13	原肠早期	胚层下包1/3~2/3	0.8~0.87		9小时	2小时
14	原肠中期	胚层下包2/3	0.84~0.89		11小时	3小时
15	原肠晚期	胚层下包2/3~5/6	0.87~0.92		16小时	40分
16	神经胚期	胚层几乎全部包围卵黄，头部雏形可见	0.87~0.92		16小时40分	50分
17	胚孔封闭期	胚层全部包围卵黄，胚孔封闭，胚体形成，头尾部隆起	0.88~0.94		17小时30分	4小时40分

（续表）

阶段	发育期	特征	胚长/毫米	肌节/对	时间 受精后	时间 持续时间
18	肌节出现期	胚体中部出现3对肌节	0.94~0.97	3	21小时10分	1小时
19	视泡形成期	胚体头部两侧出现膨大的视泡，肌节增加	0.95~0.99	8	22小时10分	1小时
20	眼囊期	眼囊呈长椭圆形	0.95~0.99	9	23小时10分	55分
21	嗅板期	眼的前方出现嗅板	0.95~0.99	11	24小时05分	45分
22	尾芽期	尾芽突出，脊索形成	0.95~0.99	13	24小时50分	1小时30分
23	听囊期	听囊出现，呈小泡状	0.99~1	18	26小时20分	1小时30分
24	尾泡期	尾部出现空泡，同时眼上方出现嗅窝	0.99~1.	18	27小时50分	30分
25	尾鳍出现期	卵黄内缩成凹，尾鳍上翘	0.99~1.	19	28小时20分	30分
26	晶体形成期	卵黄内缩加深，眼内出现球形晶体	1~1.03	22	28小时50分	30分
27	肌肉效应期	胚胎出现肌肉收缩，约3秒1次	1.03~1.05	24	29小时20分	35分
28	耳石出现期	听囊中出现2粒黑色耳石，尾伸达眼部	1.04~1.06	28	29小时55分	1小时20分
29	孵化前期	胚胎即将出膜，胎体在膜内滚动	1.06~1.08	30	31小时15分	2小时45分~4小时50分

　　表中所指的孵化前胚长是指最小胚长与最大胚长，孵化后的体长指所观察鱼苗例数的肛前体长+肛后体长的均值；孵化后肌节的计数采用两段记录法，即肛前肌节数+肛后肌节数；从原肠期至孵化前期的各时期的发育基本同步。

　　受精卵在20~23℃水族箱中孵化30~50分钟时，出现胚盘的第1个分裂期，其高度可达卵黄的1/3左右。胚盘期后进行一系列的细胞分裂，经过2个、4个、8个、16个、32个、64个与128个细胞期、桑椹期、高囊胚期与低囊胚期。受精后 9 小时进入原肠期，16 小时 40 分钟左右进入神经胚期。此时胚盘下包全部卵黄，胚的植物极露出卵黄栓，相继出现神经沟，沟的前端略膨大形成脑的雏形，经过胚孔封闭与胚体的形成，胚体前端的脑泡分化为前脑、中脑与后脑。受精后 21 小时左右进入肌节期，胚体中部出现了 3 对肌节，22 小时左右胚体头部两侧出现膨大的视泡，肌节数量增加为 8 对。以后再经过眼囊期、嗅板期、尾芽期和听囊期，尾芽期表现尾芽突出，形成脊索。受精后孵化到 2 小时 50 分钟，尾部出现空泡，眼上方出现嗅窝，肌节增加到 18 对。尾鳍出现期之后，卵黄内凹加深，眼内出现球形的晶体，肌节 22 对，此时肌肉每隔 30~40 秒便进行一次有节律的收缩，继而听囊出现 2 粒黑色的耳石，胚胎在膜内不时地滚动，最后破膜而出形成鱼苗。

2. 泥鳅受精卵的孵化方式

泥鳅受精卵孵化方式因获得受精卵的方式不同而不同。附着受精卵的鱼巢可采用多种孵化方法，一般用经石灰消毒过的鱼池即可，不必另设孵化池。如果数量集中且较多时，可另建孵化池。孵化池面积为 15 米² 的长方形池，四周具有高出地面 30 厘米的池埂。每池可育 50 万泥鳅苗，如有微流水条件放养密度还可以增加。这种孵化池中蛙类是最大的敌害，应防止蛙类侵入和蝌蚪生成，所以应在池上覆盖草席，既防蛙类进入，又防阳光直射。

另外也可采用网箱孵化，孵化网箱用聚乙烯网布制成，面积以 5~10 米² 为宜，网壁高出水面 30 厘米。网箱可设在静水或微流水处，水深不超过 50 厘米，孵化密度为 500 粒 / 升水左右。静水中密度适当减小，微流水中密度可适当增加。如经过脱黏处理，也可用孵化缸、孵化槽、孵化环道孵化。采用何种孵化方式应按生产规模大小而定。人工受精卵可用孵化缸（图 7）孵化，密度以每升水

500~600 粒为宜。孵化用水要预先经过沉淀、过滤，防止泥沙、污物及敌害侵入。

采用纱框盛卵的，盛卵纱框浮起后可作为孵化框。纱框盛卵可安放或自由漂浮在静水或微流水池中孵化。也可采用浅筐或用砖垒、挖池成功后，在其中铺填塑料膜，用作泥鳅亲本产卵兼受精卵孵化用池。还可设计成立体式、多层的工厂化孵化育苗车间。

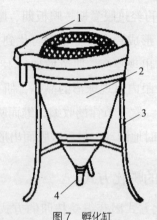

图 7 孵化缸
1. 排水槽；2. 缸体；3. 支架；4. 进水管

3. 孵化管理

孵化率的高低，除了与雄、雌泥鳅成熟度有关之外，还与水质、水温、溶解氧、水深、光照等因素有关。孵化用水尤其是用孵化缸、孵化环道进行孵化的水要清洁、透明度高，不含泥沙，无污染，不可有敌害进入，pH 7 左右，溶氧量高。河水、水库水、井水、澄清过滤后的鱼塘水及曝气后的自来水、地下水等均可作为孵化用水。

在胚胎发育过程中，受精卵对溶解氧变化较为敏感，尤其在出膜前期，对溶解氧要求更高。生产实践证明，采用预先充气增氧后的浅水、微流水的孵化效果比深水、静水要好。但在增氧流水时应避免鱼巢上受精卵脱落堆积、黏上泥沙而影响孵化率，所以黏着孵化时要求水深 20~25 厘米，尽量少挪动鱼巢，以免受精卵脱落。可采用纱框承卵的方式，承接脱落受精卵后，再进行纱框飘浮孵化。为保证孵化时受精卵对水中溶解氧的需求，孵化密度不能太高，如有流水则可适当提高孵化密度。

孵化最适水温为 25~28℃。水温过低过高均会影响孵化率及成活率，增加畸形率和死亡率。为避免胚胎因水温波动而引起死亡，孵化用水温度差不宜超过 ±3℃。如用井水和地下水等，应预先储存在池中，一方面曝气增氧，另一方面可使水温和孵化用水温度接近。

因泥鳅属底栖鱼类，喜在阴暗遮蔽环境中生活，所以孵化环境应设有遮阳设施，这也可避免阳光直射而引起的泥鳅畸变和死亡。

在正常孵化过程中，水流的控制一般采用"慢—快—慢"的方式。在孵化缸中，卵刚入缸时水流只需调节到能将受精卵翻动到水面中央处即可，这时大约每 20 分钟能使全部水体更换 1 次。孵化环道中则以可见到卵冲至水面为准，即流速控制为 0.1 米／秒，大约每 30 分钟可使水体更换 1 次。胚胎出膜前后，必须加大水流量，这时孵化缸流速要增加到 0.2 米／秒，大约每 20 分钟可使水体更换 1 次。当泥鳅苗全部孵出后，水流应适当减缓，并及时清除水中卵膜。当泥鳅苗能平游时水流应再次减小，以免幼弱的泥鳅苗耗力过大。

在孵化缸、孵化环道中应经常洗刷滤网，清除污物。出膜阶段及时清除过滤网上的卵膜和污物。

泥鳅苗孵化出来后往往先躲在鱼巢中，游动不活跃，之后渐渐游离鱼巢。这时可荡出泥鳅苗，取出鱼巢，洗净卵膜，除去丝须太少的部分，重新消毒扎把，以备再用。

（七）影响泥鳅产卵量、受精率和孵化率的因素

据研究，泥鳅产卵量与其年龄有关；受精率、孵化率受水域的 pH、水温等的影响很大，泥鳅卵的黏附性与鱼巢材料有密切的关系。

1. 年龄、体长与产卵量的关系

不同年龄、不同体长泥鳅的产卵量不同。雌泥鳅体长为 15~20 厘米及 20 厘米以上的，相对产卵量要比体长 10~15 厘米的高出 1 倍。4~5 龄的产卵量为 1~3 龄产卵量的 2.2 倍。相对产卵量变幅在每克体重 22 粒以上。

2. 水质与受精率、孵化率的关系

泥鳅对水体 pH 变化十分敏感。水体 pH 对泥鳅繁殖效果有明显的影响，以 pH 在 6.5~7 的水体效果最佳。不同水温对繁殖效果有明显的差别，水体温度不同，繁殖效果不同，以在 24~26℃水温中繁殖效果最好。

3. 催产剂与繁殖效果的关系

据报道，单独使用 LRH-A 对泥鳅几乎不起作用，要与 HCG 联合使用，对一些性腺发育较差的亲泥鳅，使用低剂量注射即能获得理想的催熟效果，表现为雌泥鳅卵核能较快地偏位，雄泥鳅精液增多，其催熟作用远比 PG 或 HCG 为佳。每尾雌泥鳅用 HCG 1~2 毫克，具体用量视亲鳅大小、催产时间及水温高低而增减。而唐东茂报道，在雌、雄泥鳅性比为 1∶1 时，宜使用 LRH-A 作为催产剂注射。配制时用 0.6% 鱼类生理盐水溶解成所需浓度，雌泥

鳅每尾注射 0.2 毫升，雄泥鳅减半。在泥鳅背部一次注射，进针角度 30°，深度 3 毫米。催产剂量 5~45 毫克 / 尾有效，而以 30 毫克 / 尾效果最好。低剂量时催产作用不大，而浓度过高时催产效果也较弱。

4. 雌、雄亲泥鳅不同性比与繁殖效果的关系

在 20℃水温条件下、雌泥鳅注射 LRH-A 30 毫克 / 尾，设计三种性比，即 2：1、1：1、1：2，结果表明性比 2：1 时繁殖效果最好。

5. 注射催产剂的时间与繁殖效果的关系

在雌、雄亲泥鳅性比为 1：1，雌泥鳅注射量均为 30 毫克 / 尾时，下午注射比在上午注射时要好。在自然界泥鳅的繁殖季节，发情时间一般在清晨，10：00 左右自然产卵结束，所以人工繁殖时宜在每天 18：00 左右注射催产剂，使发情产卵时间与其在自然生活中的节律相符，繁殖效果更好。

6. 孵化密度与孵化率的关系

出于受精卵发育耗氧量大，尤其孵出前后不仅耗氧量增加，而且卵膜、污物增多，耗氧更大，所以必须注意孵化密度。一般体积 0.2~0.25 米³ 孵化缸以放受精卵 40 万 ~50 万粒为宜；孵化环道中受精卵分布不及孵化缸均匀，一般是内侧多外侧少，所以密度应是孵化缸放卵量的 1/2 左右。采用孵化槽时以每升水放受精卵 500~1 000 粒为宜。若是采用静水孵化，必须将受精卵撒在人工鱼巢上，以每升水放 500 粒左右的参考密度来撒放。

7. 鱼巢质量与受精率、孵化率的关系

以纤细多须材料制作的鱼巢黏附受精卵数量较多，用棕片作鱼巢时比水草上黏附的受精卵多 4 倍，受精率和孵化率相比较没有明显的不同。

8. 亲泥鳅来源与受精率、孵化率的关系

从野外和养殖场获得的亲泥鳅繁殖效果比从市场中采购的亲泥鳅繁殖效果好。

六、苗种培育技术

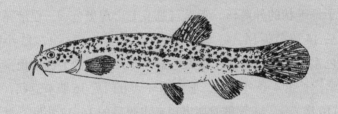

（一）泥鳅苗种生长发育过程

鳅苗孵化后沉入水底，鳅苗体进行间歇的扭动。体均长为 2.72 毫米，体壁透明无色素，有肛门，肌节 42 对，出现心脏搏动，心率 42 次 / 分，无血液循环。

鳅苗生长发育过程分 11 个时期（表 8）。鳅苗出膜之后均进入心脏搏动期，但是心脏搏动表现不同步，有的出膜前就有心脏搏动，占胚胎发育的 36.7%；有的在出膜后才出现心脏搏动，占 63.3%。出膜后 4~5 小时，鳅苗体内出现微弱的血液循环，血液呈黄色，其循环路径沿着背主动脉流向肛门，然后返入背主静脉。心率 66~80 次 / 分，肌节 49 对。胸鳍原基期的胸鳍原基为月牙形，出现了纤维状的外鳃丝。听囊与肌节上出现黑色素，血液循环到肛门后 14 肌节返回，心率 85~100 次 / 分。出膜后 12~13 小时进入黑色素期，此时眼球密布黑色素，卵黄与鳍褶上也出现少量的黑色素，长出 4 条外鳃丝。血液循环到肛门后 16 肌节返回，心率 104~110 次 / 分。肠管贯通期出现在出膜后的 16~17 小时，继而进入雏形鳃盖期、鳔雏形期、附着器消失期、颌须出现期和鳔 - 室期，便完成了鱼苗的生长发育过程。

在这个生长发育过程中，肠管贯通后，肌节和肛门处色素增加，外鳃丝延长，循环的血液由从肛后 16 肌节返回逐渐延长到肛后 22 肌节返回，肛前各肌节均有血液循环。心率由 116~128 次 / 分，发育到鳔 - 室期时心率增加到 140~152 次 / 分。鳃盖与鳔雏形形成后，吻端附着器消失，脱离器壁而进行自由活动。出膜后 36~37 时，上唇出现第一对颌须，周边有感觉刺，胸鳍增大，在其基部出现弧形的血液循环，并有 3~4 个黑色素集中点的分布。鳅苗发育的最后阶段是鳔—室内充气，肛门后的肌节出现血液循环，至此鳅苗开始进食。

表8　泥鳅苗期的生长发育

阶段	发育期	特征	胚长/毫米	肌节/对	时　间	
					受精后	持续时间
1	孵化后期	胚胎破膜而出，全身无色素，心脏搏动	2.72	30+1	34~35 小时	2~3 小时
2	心脏搏动期	心脏搏动，但未观察到血液循环，心率42次/分，肌节增加，肛门出现	3.13	30+12	36~37 小时	2~3 小时
3	血液循环期	出现微弱血液循环，血液呈黄色，由背主动脉至肛门处返回入背主静脉，心率66~80次/分	3.63	30+19	38~39 小时	4~5 小时
4	胸鳍原基期	出现月牙形胸鳍原基和雏形外鳃丝，听囊与肌节出现黑色素，血液到达肛门后返回，心率85~100次/分，前肌节出现血液循环	3.89	30+21	42~43 小时	4~5 小时
5	眼黑色素期	眼环上分布黑色素，出现4条外鳃丝，卵黄与鳍褶上出现少量色素，血液循环到肛门后16肌节返回，心率104~110次/分	4.06	30+21	46~47 小时	4~5 小时
6	肠管贯通期	肠管贯通，肌节上色素增多，外鳃丝伸长，血液从肛后16肌节返回，心率116~128次/分	4.09	30+22	50~51 小时	2~3 小时
7	雏形鳃盖期	出现雏形鳃盖，肛前各肌节均出现血液循环，血液从肛后16肌节返回，心率120~140次/分	4.19	30+22	52~53 小时	4~5 小时

（续表）

阶段	发育期	特征	胚长/毫米	肌节/对	时 间	
					受精后	持续时间
8	鳔雏形期	鳔雏形，肛门处出现黑色素，背主动脉血液从肛后20肌节返回，心率150~168次/分	4.35	31+22	56~57 小时	4~5 小时
9	附着器消失期	吻端附着器消失，脱离水草或器壁自由运动，心率140~150次/分	4.51	31+22	60~61 小时	10~12 小时
10	颌须出现期	上唇出现第一对颌须，其边缘具有感觉刺，胸鳍增大，基部出现弧形血液循环，并出现黑色素3~4个集中点	4.96	31+24	70~71 小时	5~7 小时
11	鳔-室期	鳔-室内充气，肛后肌节出现血液循环，心率140~152次/分	5.15	31+24	75~76 小时	

鳅苗孵出后约3天便要开始喂食，如不喂食，第五天便开始出现死亡，10天后全部死亡。孵化后84小时，苗长7毫米左右，外鳃已缩入鳃盖内，鳔已渐圆，具须4对，卵黄囊全部消失，肠管内可见食物团充积，鳅苗能自由游动。

孵出后12天，苗长11毫米，鳃已发育完整，具5对须，鳔成圆形，胸鳍缩小，尾鳍条增多，背鳍条和臀鳍条均已发生。

孵出后21天，苗长达到15毫米以上，形态已与成泥鳅相仿。这时候泥鳅苗的呼吸功能由鳃呼吸逐渐转化为兼营肠呼吸，也就是说，这时的肠除了具有消化吸收功能之外，还具有呼吸功能，此时不能投喂太饱，以免影响肠呼吸功能。通过孵出后的前期培育（约21天），泥鳅苗的形态已长得与成体相似，呼吸功能也逐渐健全，这时便转入泥鳅夏花培育阶段。

从1.5厘米的泥鳅苗培育到长成3厘米的夏花苗称夏花培育阶段。泥鳅苗在水质良好、饵料充足、精细饲养的条件下，大约经1个月的培育一般都能长成体长3厘米的夏花鱼种。这时泥鳅已具有钻泥习性，适应环境的能力也大大加强，便可转入成鱼饲养阶段。

体长3厘米的夏花泥鳅种虽已初步长成，但各种生理功能尚未完全成熟，这时进行长途运输或直接进行成鳅养殖，成活率尚不能保证。但原池中密度已过高，个体差异也比较大，应将泥鳅种进行筛选分养。再经约1个月饲养，使鳅种体长达5厘米以上后再进行长途运输和移入成鳅池养殖，这一生产过程称为鳅种培育阶段。一般泥鳅苗当年能培育成体长6厘米左右、体重1~3克的大规格鳅种。

5厘米以上的鳅种经1年养殖，便可养成每尾重10克以上的商品泥鳅。

（二）鳅苗培育

泥鳅苗期发育特点：泥鳅生长发育有其本身的特点，在孵出之后的半个月内尚不能进行肠呼吸，该阶段如同家鱼发塘期间，必须保证池塘水中有充足的溶解氧，否则极有可能在一夜之间因泛池而死亡。半个月之后，鳅苗的肠呼吸功能逐渐增强，一般生长发育至体长1.5~2厘米时，才逐步转为兼营肠呼吸，但肠呼吸功能还未达到生理健全程度，所以这时投饵仍不能太多，饵料蛋白质含量不宜太高，否则因消化不全会产生有害气体，妨碍肠呼吸。

1. 鳅苗的前期培育

刚孵出的泥鳅全长3.5~4毫米，身体透明，不能自由活动，只能用头部吸附器附在鱼巢或其他物体上，以腹部的卵黄为营养。泥

鳅出苗约 3 天，卵黄囊全部消失，口器形成，肌节增多，尾鳍鳍条出现，胸鳍显著扩大，鳔也出现，这时泥鳅苗开始从侧游变为短距离平游，肠管内充满食物，开始主动摄食，此时应将其转移到鳅苗池饲养，人工投喂饵料。一般可投喂煮熟的蛋黄及鱼粉等。方法是将蛋煮熟，取出蛋黄，装在 120 目筛绢袋中在水盆中捏洗出蛋黄悬浊汁，然后以泼洒方式投喂。这时如泥鳅苗在孵化缸内，水流应减缓。投喂量为第一天每 10 万尾苗投喂蛋黄 1 个，第二天投喂蛋黄1.5 个，第三天投喂蛋黄 2 个，每天上、下午各投喂 1 次。若是鱼粉，则每 10 万尾泥鳅苗每天喂 10 克。没有鱼粉的，可用鱼晒干后磨成粉也可以。连喂 2~3 天后，待苗体颜色由黑色转成淡黄色时，便可以出缸下池，进行夏花培育。

2. 泥鳅夏花培育

（1）培育池条件

采用专用泥鳅苗培育池最好，但采用稻田或池塘里开挖的鱼沟、鱼溜或鱼凼也可以。一般在放苗前 10~15 天清整鱼池、除菌消毒，然后注水 20 厘米深，施适量有机肥培养饵料生物，待清整药物药性消失、水色变绿变浓后即可放苗。

①专用培育池的建造：专用培育池面积不宜过大，应选在水源方便的泥鳅养殖基地附近。最好用水泥池，每只池 50 米^{2}左右，池壁高 70 厘米左右，光滑不漏水。如是泥池，池底和池壁要夯实。如是新建水泥池，不可直接使用，必须先经脱碱洗净后方可使用。也可利用孵化池、孵化槽、产卵池及家鱼苗种池作为泥鳅苗培育池。水泥池的底部要铺一层 10~30 厘米的腐殖土，其制法可用等量猪粪与淤泥拌匀后堆放发酵而成。

②清塘消毒：每 100 米^{2}用生石灰 9~10 千克进行清塘消毒。方法是在池中挖几个浅坑，将生石灰兑水化开，趁热全池泼洒。第

二天用耙将塘泥与石灰耙匀后放水 20 厘米左右，适量施入有机肥料用以培育水质，培养活饵料。经 7~10 天后待生石灰药力消失，放几尾试水鱼，1 天后若无异常，即可放苗。

（2）鳅苗放养

一般下池时间在鳅卵孵化脱膜第四天即水花鳅苗开食 2 天之后，体色转黄，腰点出现，可以水平游动以后就应及时下池，太早不行，太晚更不行。放苗前，认真测定池内水温与盛苗容器水温，温差不得超过 3℃以上，可用铝勺舀出部分池内水于盛苗容器内进行调节。然后，每 10 万尾喂咸鸭蛋黄一只，鳅苗摄食后腰间出现白点，方可将鳅苗慢慢倾于培育池中，同一池中必须放同一批孵化的鳅苗。放养孵化出 2~4 天的水花泥鳅，每平方米可放养 800~2 000 尾，静水池偏稀，具有半流水的池可偏密；放养 1 厘米左右的小苗（10 日龄），每平方米 500~1 000 尾。

（3）培育方法

泥鳅水花入池时的首要工作是培肥水质，同时又要加喂适口饵料。在实际生产中通常采用施肥和投饵相结合的方法。

①施肥培育法。根据泥鳅喜肥水的特点，泥鳅苗在天然环境中最好的开口饵料是小型浮游动物，如轮虫、小型枝角类等。采用施肥法，施用经发酵腐熟的人畜粪、堆肥、绿肥等有机肥和无机肥培育水质，以繁育泥鳅苗喜食的饵料生物。一般在水温 25℃时施入有机肥后 7~8 天轮虫生长达到高峰。轮虫繁殖高峰期往往能维持 3~5 天，之后因水中食物减少，枝角类等侵袭及泥鳅苗摄食，其数量会迅速减少，这时要适当追施肥料。轮虫数量可用肉眼进行粗略估计，方法是用玻璃杯或烧杯取水对阳光观察，如估计每毫升水中有 10 个小白点（轮虫为白色小点状），表明该水体每升含轮虫 10 000 个。

水质清瘦可施化肥快速肥水。在水温较低时，每 100 米^{3}水

体每次施速效硝酸铵 200~250 克，而在水温较高时则改为施尿素
250~300 克。一般隔天施肥 1 次，连施 2~3 次，以后根据水质情况
进行追肥。在施化肥的同时，结合追施鸡粪等有机肥料，效果会更
好。水色以黄绿色为好，水色过浓则应及时加注新水。除施肥之
外，尚应投喂麦麸、豆饼粉、蚕蛹粉、鱼粉等，投喂量为池鳅苗总
体重的 5%~10%。每天上、下午各投喂 1 次，并根据水质、气温、
天气、摄食及生长发育情况适当增减。

②豆浆培育法。豆浆不仅能培育水体中的浮游动物，而且可
直接为鳅苗摄食。鳅苗下池后每天泼洒 2 次，用量为每天每 10 万
尾鳅苗用 0.75 千克黄豆磨制的浆。泼浆是一项细致的技术工作，
应尽量做到均匀。如在豆浆中适量增补熟蛋黄、鳗料粉、脱脂奶
粉等，对鳅苗的快速生长有促进作用。为提高出浆量，黄豆应在
24~30℃的温水中泡 6~7 小时，以两豆瓣中间微凹为度。磨浆时水
与豆要一起加，一次成浆。不要磨成浓浆后再加水，这样容易发生
沉淀。一般每千克黄豆可磨成 20 升左右的浆，每千克豆饼则磨 10
升左右的浆。豆饼要先粉碎，浸泡到发黏时再磨浆，磨成浆后要及
时投喂。每 1 万尾泥鳅种需黄豆 5~7 千克。

以上两种方法饲喂 2 周之后，就要改为以投饵为主。开始可撒
喂粉末状配合饵料，几天后将粉末料调成糊状定点投喂。随泥鳅长
大，再喂煮熟的米糠、麦麸、菜叶等饵料，拌和一些绞碎的动物内
脏则会使鳅苗长得更好。这时投喂量也由开始占泥鳅苗总体重的
2%~3% 逐渐增加到 5% 左右，最多不能超过 10%。每天上、下午
各投喂 1 次，投饵量通常以泥鳅在 2 小时内能基本吃完为宜。

3. 水质管理

池水水深以 25~30 厘米为宜。做到每天早晚巡池，观测水色变
化，细心观察鳅苗有无浮头现象。因为水花鳅苗在 15 日之后可进行

肠呼吸，这段时间内如缺氧就会造成大批鳅苗死亡。一般来说，有条件的地方每 3 天应加注新水一次，每次加水深度以不超过 5 厘米为宜。加注新水时必须经密眼网过滤，以防止敌害生物进入苗池。

（三）鳅 种 培 育

孵出的泥鳅苗经 1 个多月的培育，长成的夏花已开始有钻泥习性，这时可以在成鳅池中饲养。但为了提高成活率，加快生长速度，也可以再饲养 4~5 个月，当体长达 6 厘米、体重 2 克以上时，再转入成鳅池养殖，这个阶段就是泥鳅种培育阶段。如果泥鳅卵 5 月上、中旬孵化，到 6 月中、下旬便可以开始培育鳅种，7—9 月则是养殖鳅种的黄金时期。也可以用夏花泥鳅种分养后经 1 个月左右培育成 5 厘米的鳅种，然后转入成鳅养殖池养殖商品鳅。

1. 泥鳅苗种阶段食性特点

泥鳅在幼苗阶段（5 厘米以内），主要摄食浮游动物，如轮虫、原生动物、枝角类和桡足类。当体长 5~8 厘米时，逐渐转向杂食性，主要摄食甲壳类、摇蚊幼虫、水丝蚓、水陆生昆虫及其幼虫、蚬、幼螺、蚯蚓等，同时还摄食丝状藻、硅藻、植物碎片及种子。人工养殖中的泥鳅苗种摄食粉状饵料、农副产品、畜禽产品下脚料和各种配合饵料等，还可摄食各种微生物、植物嫩芽等。

2. 池塘准备及放养

培育泥鳅种的池塘要预先做好清塘修整铺土工作，并施基肥，做到肥水下塘。池塘面积可双倍于夏花阶段，但最大不宜超过 150 米^2，水深保持 40~50 厘米。每平方米水体放养 3 厘米夏花500~800 尾，规格要一致。

3. 饲养管理

在放养后 10~15 天开始撒喂粉状配合饵料，几天之后将粉状配合饵料调成糊状定点投喂。随着泥鳅种生长再喂煮熟的米糠、麦麸、菜叶等饵料，如拌一些绞碎的动物内脏则生长会更好。也可以自制或购买商品配合饵料投喂。喂食时将饵料拌成软块状，投放在食台中，把食台沉到水底。

人工配合饵料中的动、植物性饵料比例为 6：4，用豆饼、菜饼、鱼粉（或蚕蛹粉）和血粉配制成。如水温升至 25℃ 以上时，饵料中的动物性饵料比例应提高到 80%。

日投饵量随水温高低而有变化，通常为在池泥鳅总体重的 3%~5%，最多不超过 10%。水温 20~25℃ 时，日投量为在池泥鳅总体重的 2%~5%；水温 25℃ 时，日投量为在池泥鳅总体重的 5%~10%；水温 30℃ 左右时少投喂或不投喂。每天上午、下午各投喂 1 次。具体投喂量则根据天气、水质、水温、饵料性质、摄食情况灵活掌握，一般以 1~2 小时内吃完为宜，否则应随时增减投喂量。

鳅种培育期间要根据水色适当追肥，可采用腐熟有机肥水泼浇，或将有机肥在塘角沤制，使肥汁渗入水中，也可用尿素追施，方法是少量多次，以保持水色黄绿，肥度适当。其他有关日常管理可依照夏花培育中的日常管理进行。

（四）泥鳅苗种的稻田培育

1. 稻田培育泥鳅夏花

稻田培育泥鳅夏花之前必须先经过清整消毒。每 100 米² 的稻田可放养孵化后 15 天的泥鳅苗 2.5 万 ~3 万尾。通常可采取两种放养方式。

①先用网箱暂养，当泥鳅苗长成 2~3 厘米后再放入稻田饲养。由于初期阶段泥鳅苗尚无活动能力，鳞片尚未长出，没有抵御敌害和细菌的能力，而通过网箱培育便可大大提高其成活率。

②把泥鳅苗直接放入鱼凼中培育，凼底衬垫塑料薄膜。饲养方法与孵化池培育相同。稻田培育夏花的时间根据各地气候情况灵活掌握，气候较温暖的地方在插秧前放养，在较寒冷地方可在插秧后放养。

泥鳅苗放养前期可投喂煮熟的蛋黄、小型水蚤和粉末状配合饵料。可将鲤鱼配合颗粒饵料以每万尾 5 粒的量碾成粉末状，每天投喂 2~3 次。为观察摄食情况，初期可将粒状饵料放在白瓷盘中沉在水底，2 小时后取出观察，如有残饵，说明投量过多，需减量；反之，则需加量。开始必须驯食，直至鳅苗习惯为止。10 天后检查鳅苗生长情况，如头较大，说明饵料质不佳或量不够。水温 25~28℃时，泥鳅苗食欲旺盛，应增加投喂量和投喂次数，每日可增加到 4~5 次，投饵量为泥鳅苗总体重的 2%。

饲养 1 个月之后，泥鳅苗达到每克 10~20 尾时，可投喂小型水蚤、摇蚊幼虫、水丝蚓及配合饵料。投配合饵料时，以每万尾 15~20 粒鲤鱼颗粒饵料碾成的粉状饵料，每天投喂 2~3 次，并逐渐驯食天然饵料。

在培育中要定期注水增氧。投喂水蚤时，如发现水蚤聚集一处，水面出现粉红色时，说明水蚤繁殖过量，应立即注入新水。如鳅苗大且体瘦时，应适当补充饵料，如麦麸、米糠、鱼类加工下脚料等。同时每隔 4~5 天，在饵料培育池中增施鸡粪、牛粪和猪粪等粪肥，以繁殖天然饵料。

2. 稻田培育泥鳅鱼种

在稻田中可放养泥鳅夏花进行鳅种培育。培育鳅种的稻田不宜太大，须设沟凼设施，放养前应先清整消毒。放养的夏花要经泥鳅筛过筛，达到同块稻田规格一致。放养量为每100米²稻田放养5 000尾。

为了在较短时间内使泥鳅快速生长，鳅种应采取肥水培育法。具体做法是在放养前每100米²先施基肥50千克。饲养期间，用麻袋装有机肥，浸在鱼凼中作追肥，追肥量为每100米² 50千克。除施肥外，同时投喂人工饵料，如鱼粉、鱼浆、动物内脏、蚕蛹、猪血粉等动物性饵料，以及谷物、米糠、大豆粉、麦麸、蔬菜、豆粕、酱粕等植物性饵料。随泥鳅生长，在饵料中逐步增加配合饵料的比重。人工配合饵料可用豆饼、菜饼、鱼粉或蚕蛹粉和血粉配制成。动、植物性饵料成分比例、日投量等可参看鳅种培育中有关部分。

投饵应投在食台上，切忌散投，否则到秋季难以集中捕捞。方法是将配合饵料搅拌成软块状，投放在离凼底3~5厘米的食台上，使泥鳅习惯于集中摄食。平时注意清除杂草，调节水质，日常管理与前述相同。当鳅苗长成全长6厘米以上、体重5~6克的鳅种时，可转为成鳅饲养。

（五）日 常 管 理

1. 坚持巡塘观察

黎明、中午和傍晚要坚持巡塘观察，主要观察泥鳅苗摄食、活动及水质变化。如水质较肥，天气闷热无风时应注意泥鳅苗有无浮头现象。泥鳅苗浮头和家鱼苗不同，必须仔细观察才能发现。水中溶解氧充足时，泥鳅苗散布在池底；水质缺氧恶化时，泥鳅苗则集群在池壁，并沿壁慢慢上游，很少浮到水面来，仅在水面形成细小波纹。一般浮头在日出后即下沉，要是日出后继续浮头，且受惊后仍然不下沉，表明水质过肥，应立即停止施肥、喂食，并冲新水以改善水质，增加溶解氧。泥鳅苗缺氧死亡往往发生在半夜到黎明这段时间，应特别注意。在饵料不足时，泥鳅苗也会离开水底，行动活泼，但不会全体行动，和浮头是容易区分的。如果发现泥鳅苗离群，体色转黑，在池边缓慢游动，说明身体有病，须检查诊治。如发现泥鳅苗肚子膨胀或在水面仰游不下沉，说明摄食过量，应停止投饵或减少投饵量。

2. 注意水质管理

既要保持水色黄绿，有充足的活饵料，又不能使水质过肥缺氧。前期保持水位约 30 厘米，每 5 天更换一部分水，通过控制施肥量、投饵量保持水色。随着泥鳅苗生长到后期，逐步加深水位到 50 厘米。

3. 注意调节水温

由于水位不深，在盛夏季节应控制水温在 30℃ 以下。可采用搭建荫棚、遮阳网、加注温度较低的水来加以调节。

4. 随时清除敌害

泥鳅苗培育时期天敌很多，如野杂鱼、蜻蜓幼虫、水蜈蚣、水蛇、水老鼠等，特别是蜻蜓幼虫危害最大。由于泥鳅繁殖季节与蜻蜓相同，在泥鳅苗池内常见到蜻蜓飞来点水（产卵），其孵出幼虫后即大量取食泥鳅苗。防治方法主要依靠人工驱赶、捕捉。有条件

的可在水面搭网，既可阻隔蜻蜓在水面产卵，又起到遮阳降温的作用。同时在注水时应采用密网过滤，防止敌害进入池中。发现蛙卵要及时捞除。通过以上培育，一般30天左右泥鳅苗都能长成3厘米左右的鱼种。

5. 适时分养

当泥鳅苗大部分已长成3~4厘米的夏花鱼种后，要及时进行分养，以避免密度过大和生长差异影响生长。分塘起捕时发现泥鳅种体质较差时，应立即放回原池强化培育2~3天后再起捕。分养操作具体做法是先用夏花鱼网将泥鳅种捕起集中到网箱中，再用泥鳅筛进行筛选。泥鳅筛长和宽均为40厘米，高15厘米，底部用硬木做栅条，四周以杉木板围成。栅条长40厘米、宽1厘米、高2.5厘米。在分塘操作时动作要轻巧，避免伤苗。

七、成鳅常见养殖模式
技术要点

成鳅健康养殖包括苗种的选择、饲料的投喂、水质的控制、病害防治等方面。成鳅的养殖主要有水泥池养殖、网箱养殖、稻田养殖、池塘养殖、泥鳅套养、泥鳅流水养殖、泥鳅家庭养殖等几种方式。

（一）水泥池养殖技术

1. 水泥池的准备

选择日照充分、水源良好、温暖通风的地方建泥鳅池，要求防旱防涝，水源清新，无工业、农业废水污染，交通便利。泥鳅池建好以后，要先注水浸泡半个月，使池壁中的碱性物质散发出来，然后才能放养鳅苗。在放苗前，先在池中铺设厚 20~30 厘米的带有腐殖质的黏土层，以供泥鳅钻泥栖息。如果是老池，则要清整泥鳅池，查堵漏洞，疏通进排水口管道，更换防逃网，翻晒池底淤泥等。不管是新建池还是老池，都要在池中排水口的一端开挖一个集鱼的鱼溜。鱼溜的面积占全池面积的 1/3 左右，深 30 厘米，以供泥鳅在高温季节栖息和在捕捞的时候方便捕捉。为了让泥鳅集中到一定的地点摄食，必须在池中搭设食台。用作食台的材料一般为芦席或竹席，也可用尼龙布制成。食台的位置最好设在鳅池中向阳的地方，搭设的方法是：将芦席或竹席的四角向里折拢，呈圆形，使食台中央成内陷状，再用绳子把四角绑在四根木竹枝上。食台要靠近水底的位置，以适应泥鳅底栖生活和觅食的生活习性。

在池中施生石灰，用量为每平方米 100~150 克，对鳅池进行彻底清池消毒，杀灭池中敌害生物和致病菌。7 天后加注新水，蓄水深度为 20~30 厘米，并在鳅池向阳一边堆施基肥。基肥以家畜粪便等有机肥为主，施肥量为每平方米 0.5 千克，约 3 天后注入新水，将池水加至 40~50 厘米，使肥堆浸入水中。数天后池水变肥，池水透明度在 15~25 厘米，池中出现水蚤等浮游动物，此时即可进行鳅苗下池。

2. 鳅苗下池

一般选择在晴天的下午进行，操作时动作要轻，防止损伤鳅体。鳅苗在下池前要进行严格的鳅体消毒，杀灭鳅苗体表的病原生物，并使泥鳅苗处于应激状态，分泌大量黏液，下池后能防止池中病原生物的侵袭。

鳅体消毒的方法是：先将鳅苗集中在一个大容器中，用 3%~5% 的食盐水浸洗鳅苗 10~15 分钟，捞起后再用清水浸泡 10 分钟左右，然后再放入泥鳅池中，具体的消毒时间视鳅苗的反应情况灵活掌握。放苗时要注意将有病有伤的鳅苗捞出，防止被病菌感染，并使病原扩散，污染水体，引发病害。

放养量视鳅苗的规格、鳅池条件和饲养水平而定。鳅苗规格整齐，体质健壮，水源条件好，饲养水平高，则可适当多放。一般的放养密度为：规格 5~6 克 / 尾的鳅苗，放养密度为 40~50 尾 / 米^2；规格 6~8 克 / 尾的鳅苗，放养密度一般为 30~40 尾 / 米^2。

3. 饲料投喂

泥鳅为杂食性鱼类，饲料来源比较广。动物性饲料有蚕蛹、黄粉虫、鱼粉、骨粉、猪血、轮虫、蚯蚓、螺蛳、河蚌及动物内脏等；植物性饲料有米糠、麸皮、豆渣、各种饼粕、农副产品的加工废料以及蔬菜等；用作培育天然饵料的肥料有人粪、猪粪、牛粪等动物的粪肥以及化肥。泥鳅的摄食量与水温的高低有关。泥鳅通常在水温为 15℃ 时开始摄食，摄食量为泥鳅体重的 2% 左右；如果水温高于 30℃ 或低于 10℃ 时，就会减食或停止摄食。饲料中

植物性饲料和动物性饲料的比例应依据水温的高低合理搭配，并确保饲料的营养成分全面。当水温在20℃以下时，摄食的饲料中植物性饲料占60%~70%；当水温在20~23℃时，摄食的饲料中动物性饲料占一半；当水温在23~28℃时，动物性饲料可占到摄食量的60%~70%。值得注意的是，泥鳅非常爱吃鱼肉，如果在饲养时连续一个星期投喂单一的高蛋白质的动物性饲料，就会导致泥鳅在池中群集，并引起肠呼吸次数急剧增加，由于肠吸入的空气无法畅通排出体外，致使泥鳅浮于水面。群集在一起的泥鳅游动时容易被飞禽猎食，并互相擦伤，感染病菌，最后引起大量死亡。因此，人工饲养泥鳅要注意将高蛋白质的动物性饲料与植物性纤维饲料配合投喂，促进泥鳅消化。

如果有条件，也可投喂人工配合饲料。人工配合饲料的组成为：小麦粉50%、豆饼粉20%、菜饼粉10%（或米糠粉10%）、鱼粉10%（或蚕蛹粉10%）、血粉7%、酵母粉3%。投喂前将人工配合饲料兑入一定量的水，料水比通常为1∶1，用搅拌机或手工搓制成团状或块状进行投喂。用上述方法配制的配合饲料具有一定的黏性和沉性，在水中不会很快散开，泥鳅的摄食利用率高。

日投饲量一般应按水温的高低灵活掌握。3月为泥鳅体重的1%~2%，4—6月为3%~5%，7月到8月上旬为10%~15%，8月下旬到9月上旬为4%~6%，9月下旬为8%左右，10月为2%~3%。鳅苗在下池后的前几天，由于池水较肥，池中的天然饵料较多，可每天投喂一次。投喂选择在傍晚进行，以适应泥鳅在暗光条件下活动和觅食的习性。先将饲料全池均撒，然后逐渐将投饲点固定到食台附近，当鳅苗养成群体摄食的习惯后，即可将饲料均匀投放在食台上。投喂饲料要做到"四定"，即定时、定量、定质、定位。每天按时投喂饲料，便于观察泥鳅的活动和觅食情况。每天投喂3次，分早、中、晚3次投喂，8∶00—9∶00、14∶00—15∶00、

19：00左右各投喂一次，其中晚上的投喂量应占全天投喂量的50%~60%。投饲要科学合理，要依据每天测得的水温，结合每天检查食台的情况，灵活确定每天的投饲量。如果发现食台上有剩余的饲料，则第二天少投；如果发现饲料全部吃完，则第二天应适当增加投饲量。投喂的饲料要新鲜，不能投喂腐败变质的饲料。发霉变质的饲料不仅营养成分流失，而且泥鳅吃后还会引发疾病。要在池中向阳、人畜少到、离岸边1.5~2米处搭设饲料台，把饲料投放在食台上，供泥鳅集中摄食，使泥鳅能均匀摄食，养成定点摄食的习性，减少饲料的浪费，同时便于检查泥鳅的食量和生长情况。每天或隔天应清扫食台一次，清除食台上的残余饲料，刷洗食台上的生物膜，定期对食场进行消毒，可用125克漂白粉化水对食场进行泼洒消毒（如果水泥池面积过小，则相应减少用药量）。如果有条件，最好每半个月将食台取出暴晒，换上新的食台。

另外，鳅种放入池后，在投喂人工饲料的同时，还要根据池塘水质情况，经常投施一些有机肥，培养水中的天然饵料。

4. 日常管理

日常管理的重点主要集中在水质管理、调节水温和防逃、防病、防敌害等几个方面。

（1）水质管理

水质的好坏对泥鳅的生长发育至关重要，泥鳅虽然对环境的适应性较强，耐肥水，但是如果水质恶化严重，不仅影响泥鳅的生长，而且还会引发疾病。饲养泥鳅的水要求"肥而爽"，溶氧量要大于2毫克/升，pH保持在7.5左右。成鳅饲养一般多采用投饲结合施肥的方法进行饲养，池水较肥，水质变化快，如果发现池水过浓，发黑发臭，泥鳅不停地蹿出水面进行肠呼吸（即吞气）或浮头时，则应停止施肥，并及时加注新水，增加池水的溶氧量。一般

每半月左右加注一次新水来改善水质，增加池水的溶氧量和调节水温。如果有条件则可换掉部分老水，每次更换池中 30 厘米左右的水量。换水时注意水温，温差不能过大，温度变幅在 5℃以内。定期用药物进行全池泼洒，杀灭池中的致病菌和调节水质，一般每半月左右用生石灰或漂白粉全池泼洒一次。每天早晚巡池和投喂饲料时，应检查和清扫食台，防止残余饲料败坏水质。在高温季节和低温季节要相应加深池水的深度，使池水的温度保持相对稳定。

（2）调节水温

在夏季高温季节，水温过高时，泥鳅便会减少摄食或停食，常潜入池底泥中避暑，影响泥鳅的正常生长。此时要定期加注新水，降低池水水温，但要注意每次注入的新水与原池水温差不能超过 5℃。另外也可在池中一边或四角栽种藕、茭白等挺水植物，种草的面积应控制在 15% 左右，或在池边搭棚遮阴，在夏季高温季节供泥鳅避暑。

（3）"三防"（防逃、防病、防敌害）管理

①防逃：泥鳅善逃，当进排水口的防逃网片破损，或池壁崩塌有裂缝外通时，泥鳅便会随水流逃逸，甚至可以在一夜之间全部逃光。另外，在下雨时，要防止溢水口堵塞，发生漫池逃鱼。

②防病：泥鳅在饲养过程中发病很少，但是，当水温过高或过低、水质败坏严重、投喂的饲料腐败变质或营养不全面时，也会发生疾病。一旦发生疾病，不但治疗时增加饲养成本，而且还会影响泥鳅的正常生长，因此在饲养过程中，对鳅病应以防为主。预防疾病发生的方法主要有以下几个方面：一是在鳅苗下池前进行严格的鳅体消毒，避免被病原体感染；二是定期加注新水，调节池水水温，改良池水水质，增加池水溶氧量，减少疾病的发生；三是定期投喂药饵，防止疾病的发生和蔓延；四是在饲养过程中定期用药物进行全池泼洒消毒，调节水质和杀灭池中的致病菌；五是捕捞运输

过程中规范操作，避免使鳅体受伤，引发疾病；六是在每天巡池时要注意观察，如果发现池中有病鳅和死鳅要即时捞出，查明发病、死亡的原因，即时采取治疗措施；对病鳅和死鳅要采取焚烧或深埋的方法进行处理，避免病原扩散。

③防敌害：泥鳅的敌害生物种类很多，如鲶鱼等凶猛肉食性鱼类，鸭子、翠鸟等水禽，蛇、鼠、蛙、猪等。泥鳅个体小，极易被敌害生物猎食，因此在饲养过程中，要坚持早晚巡池，杀灭和驱赶敌害生物。泥鳅的敌害生物除了上述的猎食性敌害生物外，还有另一种争食性敌害生物——蝌蚪。蝌蚪在鳅池中不仅吞食池中的天然饵料，争食人工投喂的配合饲料，而且还会集群摄食，搅乱泥鳅的摄食，其中虎纹蛙的蝌蚪还能吞食鳅苗，危害性很大。由于青蛙是有益生物，应从保护的角度出发，在巡池时发现饲养池中有蛙卵或蝌蚪时，应将其捞出，投放到自然水体中。

5. 收捕

经过4~5个月的饲养，泥鳅的体重10克以上，达到上市规格要求，此时即可将池中的泥鳅收捕起来，集中暂养上市。收捕时先缓慢地放干水泥池中的水，让泥鳅在不知不觉中全部集中到排水口处的鱼溜中，然后用抄网捞起即可。如果水泥池面积比较大，达到300米^{2}以上，那么，在排干池水，捕捉完鱼溜中的泥鳅外，还应将池中的淤泥翻动收捕泥鳅。

（二）网箱养殖技术

1. 泥鳅网箱养殖的特点

网箱养殖技术与利用常规的水泥池、小土池等饲养方法相比，

网箱养殖泥鳅具有固定投资少、劳动强度轻、规模可大可小、易操作管理、泥鳅生长快、疾病少、起捕灵活方便等优点，是湖区、库区和水产养殖区的农民脱贫致富的好技术。近年来，已在江苏、浙江、湖北、湖南等省展开。国内许多养殖者通过多年的养殖，认为泥鳅网箱养殖切实可行，是一项高产高效、应用潜力大的新兴养殖方式，具有广阔的发展前景，是今后泥鳅集约化和规模化养殖的主要发展方向。在进行网箱养泥鳅时，一定要选择水质清新的水域。合适的水域主要有河沟、水库、湖泊、池塘等。网箱养殖既适合一家一户的小规模养殖，也适合大规模生产。

2. 网箱的规格与架设

网箱原材料是用聚乙烯制成，绞丝网类型，网箱框架为竹竿搭制，直接固定于水中。网箱养殖按养殖泥鳅不同分为鳅种培育网箱和成鳅暂养网箱，按养殖方式可分为投饵网箱和不投饵网箱（一般为大网箱），按面积大小可分为大网箱（8~30 米^2 或更大）和小网箱（1~8 米^2）。鳅种培育网箱网目大小以苗种不能逃脱为准，箱体面积 10~25 米^2。成鳅暂养网箱网目为 0.5~1 厘米，箱体面积约 50 米^2。箱体高度视养殖水体而定，一般使网箱上部高出水面 40 厘米。泥鳅不喜强光，网箱宜设置在湖边浅水处，箱底铺 15~25 厘米厚的泥土。小网箱养殖是指养殖的网箱面积为 1~8 米^2，采用投喂全价配合颗粒饲料进行养殖。一般每立方米水体可产成鳅 100~200 千克，单位效益比大网箱高。大网箱养殖是指养殖网箱面积为 8~30 米^2 或更大，采用投喂配合饲料或鲜活饵料进行养殖，或采用不投饵的方式养殖。一般单位产量为 2~20 千克，单位效益比小网箱低，但总体效益较高。选择不同网箱进行养殖应依据养殖对象、养殖水域和养殖技术而定。

3. 选种与放养

网箱养鳅的苗种来源包括人工繁殖苗种和野生苗种。人工繁殖苗种养殖成活率高，增重快，但苗种成本高；野生苗种成本低，但养殖成活率相对低，增重慢。

选择种泥鳅时，雌泥鳅最好选择体长 20~25 厘米；雄泥鳅最好体长 15~20 厘米的个体，而且均应为体质健壮、体色正常、体形端正、无伤残、活力强、鳍条整齐的个体亲本。若条件有限，亲本体长也应在 12 厘米以上，体重在 15 克以上。选择时从泥鳅的背部向下观察，如果腹部是白色的，即是发育良好的标志。但腹部两侧出现了白斑点的是已产完卵的泥鳅，不能选用。泥鳅的体长和怀卵量有很大的关系，一般体长 8 厘米的怀卵量约 2 000 粒，体长 10 厘米的怀卵量约 7 000 粒，20 厘米的怀卵量可达 24 000 粒。

选择亲泥鳅时同时要注意雌、雄尾数的配比，雄鳅适当多准备些，一般雌、雄比为 1 ：（2~3）。

苗种投放前用 0.001% 高锰酸钾溶液浸洗 10~30 秒，或用 3%~5% 食盐水浸洗 10~20 秒，以杀灭体表病菌及体表寄生虫，同时，剔除受伤体弱的苗种。鳅种培育网箱放养体长 3~5 厘米的鳅苗 30 000 尾 / 米 ^{2}。当泥鳅体长增至 10~15 厘米时，转入成鳅暂养网箱，其放养量为 1 500~2 500 尾 / 米 ^{2}。鳅种网箱和成鳅网箱的具体放养量应根据水体肥瘦、是否有流水、泥鳅规格及体质、饲养技术水平等条件而定。如在水质肥爽、有微流水、泥鳅规格整齐、体质好及饲养条件技术较好时，可适当增加放养量。

4. 泥鳅苗放养

放养孵出 2~4 天的水花鳅苗，每平方米可放 800~2 000 尾，静水池宜偏稀，具半流水的池可偏密；放养体长约 1 厘米左右的小苗

（10 日龄），每平方米放 500~1 000 尾。

（1）饱苗放养

先将鳅苗暂养网箱半天，并喂给鸭蛋黄，每 10 万尾投喂鸭蛋黄 1 个。

（2）"缓苗"处理

如果是用塑料充氧袋装运而来的鳅苗，放养时注意袋内、袋外温差不可大于 3℃，否则会因温度剧变而死亡。可先按次序将装苗袋漂浮于放苗的水体，回过头来再开第一个袋，使袋内外水体温度接近后（约漂 20 分钟），向袋内灌池水，让鳅苗自己从袋中游出。

（3）"肥水"下塘

为使鳅苗下塘后能立即吃到适口饵料，预先应培育好水质。如池中大型浮游生物较多，由于泥鳅苗小而吃不进，不仅不能作为鳅苗的活饵料，还会消耗水体中大量的较小型饵料和氧气，遇有这种情况可以在鳅苗下池前先放"食水鱼"，以控制水中大型浮游生物量，同时用以测定池水肥瘦。如发现"食水鱼"在太阳出来后仍然浮头，说明池水过肥，应减少施肥量；如果"食水鱼"全天不浮头或很少浮头，说明水质偏瘦，可适当施肥；如果"食水鱼"每天清晨浮头，太阳出来后即下沉，说明水体肥瘦适中，可放鳅苗。用"食水鱼"也可测定清塘消毒剂药力是否消失，如果"食水鱼"活动正常，表示药力消失，可以放苗。但在鳅苗放养前应将"食水鱼"全部捕起，以免影响鳅苗后期生长。

（4）同规格计数下塘

同一池内应放养同一批次、相同规格的鳅苗，以免饲养中个体差异过大，影响成活率和小规格苗的生长。放养时应经过计数下池。计数一般采用小量具打样法，即先将泥鳅苗移入网箱中，然后将网箱一端稍稍提出水面，使苗集中在网箱一端，用小绢网勺舀起装满一量具，然后倒入盛水盆中，再用匙勺舀苗逐一计数，得出每一量具中苗的实数。放养时仍用此量具舀苗计数放入池内，按量取的杯数来算出放苗数。量具也可采用不锈钢丝网特制的可沥除水的专用量杯，但制作时注意整个杯身内外必须光滑无刺，以免伤苗。

5. 选食与投饵

泥鳅的食性很广，除摄食天然饵料生物以外，还摄食人工配制的饲料。网箱养鳅以人工投饵为主，投喂的饵料包括米糠、豆饼、麦麸、鱼粉、鲜活饵料及配合饵料等。人工配合饵料用豆饼、菜饼、鱼粉、蚕蛹粉和猪血粉等制成，其中动、植物性饵料比为6：4。如水温升至25℃以上时，配合饵料中的动物性饵料比例应提高到80%。泥鳅摄食量受水温的影响较大，在适宜生长的水温范围内，日投喂率为泥鳅体重的4%左右，一般以投喂饵料后1小时内吃完的投喂量为最适宜。泥鳅在夜间摄食量较大，生长旺盛期白天也摄食，根据这个特点，投喂应以晚上为主。投饵应遵循"四定"原则。由于泥鳅具有贪食的特点，在养殖过程中应避免过量投喂。当水温高于30℃或低于12℃时，泥鳅食欲减退，此时应少喂或停喂。

6. 日常管理

每天早晚巡视，检查网箱有否破损、泥鳅活动是否正常。7—8月高温季节，水花生覆盖的水面占网箱面积的1/2，平时要清除网箱内过多的水花生，使其覆盖的水面占网箱面积的3/7左右。养鳅水体要求透明度25~30厘米，pH 7.5左右，溶氧量在3毫克/升以上，水色黄绿。一般2周换一次水。若发现水质过浓或遇闷热阴雨天气，要及时加注新水。水质过淡则应及时追肥。在水位调控方面，网箱保持水深40~60厘米。早期浅水位，夏季高温天气加深水位。养殖期间要定期泼生石灰、使用光合细菌等调节水质，适时

换水和加水，保持水质清新、稳定。泥鳅抗病力较强，加之收购苗种时严格把关，基本不会发生病害，但在养殖过程中，仍要做好池塘防病、治病、用药等工作。病害防治要坚持"以防为主，防治结合"的原则，在做好生态防病的同时，应定期外用消毒杀菌和杀虫药物，定期投喂药饵（如土霉素、大蒜素等），不能超过标准量使用药物。泥鳅对农药极为敏感，在养殖过程中，应选用高效低毒渔药，最好用生物渔药，用药以泼洒为主，用药后及时换水。

7. 注意事项

①勤刷网衣，保持箱体内外水体流通。箱内水质清爽，使浮游生物进入箱内。

②及时检查网箱，有漏洞立即补好，以防泥鳅逃跑和有害生物进入网箱，同时，网箱要设箱盖等防逃设施。

③保持箱底有泥土，以免泥鳅与网箱底壁擦伤，造成皮肤损伤感染而发病。

④及时将漂白粉盛在纱布袋内挂在网箱水域内，让漂白粉慢慢溶解扩散，可采取多点少量的原则，在网箱内挂袋数天，防治病害。

⑤注意其他生物如水蛇、水老鼠等对泥鳅的危害。

⑥及时清除食台残饵，保持网箱内水质清新。

（三）稻田养殖技术

稻田浅水环境非常适合泥鳅生存，泥鳅是稻田种养结构中的优良物种，稻田养泥鳅，其产量和效益均高于稻田养鱼种、养鲤鱼等。盛夏季节水稻可作为泥鳅良好的遮阳物，稻田中丰富的天然饵料可供泥鳅摄食。另外，泥鳅钻泥栖息，疏通田泥，既有利肥料分解，又促进水稻根系发育，鳅粪本身又是水稻良好的肥源，泥鳅捕食田间害虫，可减轻或免除水稻一些病虫害。据测定，养殖泥鳅的稻田中有机质含量、有效磷、硅酸盐、钙和镁的含量均高于未养田块。有学者对稻田中捕捉的 33 尾泥鳅进行解剖鉴定，其肠内容物中有蚊子幼虫的 6 尾，解剖污水沟中的泥鳅 14 尾，肠内容物有蚊子幼虫的 11 尾，有蚊子成虫的 11 尾，可见泥鳅还是消灭害虫的有力卫士。这种饲养方式节肥增产，省工省时，对稻田土壤有显著的改良作用，所产的稻谷和泥鳅品质好、无污染，符合绿色产品的生产要求，稻田养鳅比单独种植水稻的农田少用 2~3 次杀虫药物，少施 1~2 次追肥，水稻产量可提高 10%，品质可达到无公害或绿色食品等级，经济效益、生态效益十分显著。

1. 养殖田块的选择

泥鳅产量高低与稻田是否适合养泥鳅是分不开的，必须根据无公害泥鳅对生态条件的要求选好田块。养泥鳅稻田应地势平坦、坡度小，供水量要充足，排灌方便，旱季不涸，雨季不涝，水质清新，无污染。如是梯田，田埂要坚固，并能抗暴雨。土质以保水力强的壤土或黏土为好，沙土最差。土质以肥沃疏松、腐殖质丰富、耕作层土质呈酸性或中性的为好。泥层深 20 厘米左右，干涸不板结，容水量大，不滞水，不渗水，保水保肥力强，能使田水保持较长时间。特别在鱼沟、凼里的水应经常稳定在所需水深，水温比较稳定，也有利天然饵料繁衍。为便于管理，可以集中连片选择稻田，面积以 0.5~1 亩为好。养泥鳅稻田一般选择种植单季中稻或晚稻的稻田为好。选择种植的水稻品种是矮秆、不易倒伏、耐肥、抗病力强的比较好。

2. 稻田养殖的基本设施

养泥鳅稻田应建设防逃、鱼沟、鱼凼、拦鱼栅、平水缺等设施。

（1）防逃设施

为防止泥鳅逃跑，稻田养鳅田埂内侧应尽量陡峭光滑，可用木板等材料挡于内侧，并向内倒檐。木板等材料等应打入土内20厘米左右。

（2）鱼沟、鱼凼

鱼沟是泥鳅游向全田的主要通道。鱼凼也叫鱼坑。鱼沟、鱼凼可使泥鳅在稻田操作、施肥、施药时有躲避场所，鱼沟、鱼凼的设置解决了种稻和养鱼的矛盾。鱼沟、鱼凼开设面积一般占稻田面积的5%~8%，做到沟、凼相通。鱼沟可在栽秧前、后开挖，深、宽各为35~50厘米，依田块大小开成"一""十""卄"形。主沟开在稻田中央，环沟离田埂0.5~1米，不能紧靠田埂。开挖时将鱼沟位置上的秧苗，分别移向左、右两行秧苗之间，做到减行不减株，利用水稻边行优势保持水稻产量。鱼凼一般建在田块中央或四角，形状为长方形、方形、圆形、椭圆形等，通常以长方形、方形为好。鱼凼深0.5~1米，凼壁、凼底用红砖或石料砌成，并用水泥勾缝，凼底铺30厘米肥田泥。鱼凼周边筑高、宽均为10厘米的凼埂，四周挖宽40厘米、深30厘米的环沟，防止淤泥下凼。凼埂留1~2个缺口，以利泥鳅进出活动觅食。凼埂上可栽瓜豆、葡萄等作物，也可搭建遮阳棚，以降低盛夏高温。鱼沟、鱼凼也可作为繁殖饵料生物的场所。在靠近排水沟附近的沟、凼底，用鸡粪、牛粪或猪粪等混合铺10~15厘米厚，上面铺约10厘米厚稻草和10厘米厚泥土，培养饵料生物。鱼沟、鱼凼增加了稻田贮水量，可促进稻、鳅生长。

（3）开沟起垄

开沟起垄要以有益于水稻发育为前提。开环沟和中心沟之后，再根据稻田面积大小开沟起垄。环沟离田埂 50~100 厘米，田埂与环沟间栽 1 垄水稻，可防止田埂塌陷漏水逃跑。开挖环沟的表层土用来加高垄面，底泥用来加高田埂。环沟和中心沟开挖后，根据稻田类型、土壤种类、水稻品种和放养泥鳅规格的不同要求开沟起垄，如土太稀则需隔 1~2 天再开沟起垄。开沟起垄分两次完成，第一次先起模垄，隔 1~2 天待模垄泥浆沉实后，再第二次整垄。垄沟要平直，最好为东西向。起垄规格一般采用以下几种：一是垄沟深为 20~30 厘米，以到硬土层为好，垄沟宽约 30 厘米、垄面宽20~25 厘米；二是垄沟宽约 40 厘米，垄面宽有 50~105 厘米不等的5 种规格。

（4）拦鱼栅

拦鱼栅建成"八"形或"门"形。进水口凸面朝外，出水口凸面朝内，这样既加大了过水面，又使栅不易被冲垮。如泥鳅规格小，可安两道栅，第一道挡拦污物，第二道用金属筛网编织，可拦较小规格鳅苗。栅的高度要求高出田埂 20~30 厘米，下部插入泥中15 厘米。也可以竹筒代替。方法是取略长于田埂宽度、直径约 10 厘米的竹筒，保留一端竹节，其余打通，在未通竹节端用锯子锯2~3 毫米宽小缝若干，作注水用。安装时将有缝隙端伸田内，作排水用时则伸田外。一般每亩水稻田要这样的竹筒 5 个。

（5）建平水缺

平水缺一般建在依傍排水沟的田埂上，高度根据稻田的水位来确定。当水稻移栽后，在排水口的地方用砖块砌成，竖放平铺各两块整砖。平铺砖块始终与稻田内的水面相平，口宽 30 厘米左右。平水缺做好后，在它的外侧安装拦鱼栅。平水缺的作用是使田间保持水稻不同生长发育阶段所需要的水深，尤其是在雨季，能使多余

的积水从平水缺处自行溢出，确保田埂安全并避免积水漫过田埂而使泥鳅逃逸。

3. 生态布局

（1）田埂植被的选植

田埂上的植被基本上要形成绿树环抱的形式。具体要求是：北、西边要密集一些，东、南面要稍稀疏一些，特别是南面，要求树木高大，树脚修剪要高，以便南风从树冠下畅通而过，并呈斜坡状在圈内上升而出，以带走水面热量和废气。从综合效益考虑，最好选植长青果树，如枇杷、柑橘等，间植一些水柳、水杉。田埂植树多为单行，以免影响稻田必需的光照，但只要适当控制树高，密植也是可以的。

（2）养水环沟植物的选植

可选植矮叶蒲。矮叶蒲有较好的杀菌净水作用，同时，由于养水环沟是养殖泥鳅活饵苹果螺的好场所，矮叶蒲正好具有利用和消除苹果螺代谢废物的功效，而以草本植物为主食的苹果螺也不会伤害矮叶蒲。栽植要求是纵横每间隔30厘米1个茎芽，也可稀一些，待其不断地分蘖繁殖，直至达到满沟翠绿的效果。市场上有专育优质蒲芽出售，但一定要辨认清楚，以免与席草混淆。如果一次性种满芽苗有困难，可将其与茭白间作，也是极好的选择。另外，实践证明，围档上种植水生蔬菜——水芹也是绝佳的选择，水芹具有很好的护围净化作用，同时也有较高的经济效益。

（3）缓冲凼植物的选植

缓冲凼的缓冲作用主要是对外来高温水体的混合平衡，故而凼内宜种植莲藕。先将"5409"菌肥铺于凼底，厚约25厘米，再盖上厚约15厘米的淤泥，然后植入藕种。每平方米挖1穴，每穴种1~2支，每支2~4节母藕或子藕。

（4）凼池、导沟植物的选植

凼池对泥鳅具有极其重要的庇护作用，因此对水体中溶解氧含量的要求较高。凼池中种植的植物有 3 个层次要求：中心深水处可选种红菱，两头浅水处选种莲藕，凼池四周可密植一圈宽约 50 厘米的叶蒲。这样做一方面是为了对凼池水体杀菌增氧，另一方面是为安全起见，以防捞作者滑入凼池。导沟中的水体须保持偏低适温，以引导泥鳅潜入，故需植入植物以获阴凉。但是，导沟中的泥鳅密度常常较大，所以必须有一个高溶解氧的环境，故而选择遮光度偏低的莘荸植入其中，同时，将光合作用较强的绿藻置入沟内。

4. 稻田养殖基本技术要点

（1）稻田修整

稻田面积可大可小，田埂应加高加固夯实，高度以 45~66 厘米为宜，防逃设施要好，最好用塑料膜或木板、石板、网片等贴于埂的内侧，下端埋入硬泥中。进排水口要设拦鱼设备，防止泥鳅钻逃和野杂鱼、污物进入。可用规格为宽 90 厘米、高 45 厘米用竹篾类编织成孔隙为 2 毫米的拱形栏栅，既不会使泥鳅外逃，又增加了进水面积，有利于控制养泥鳅稻田的水位，免致大雨漫埂。禾苗返青后，将稻田田角的稻株移栽在同田的其他行中或另田定植，腾出空地开挖鱼沟，小田开"田"字形，大田可在田边开鱼沟，再在田中开"井"字形鱼沟；沟宽 33 厘米，深 26 厘米或至硬度层，沟的交叉处开长 100 厘米、宽 66 厘米、深 75~100 厘米的鱼溜，以供在晒田时泥鳅栖避；要做到沟沟相通、沟溜相连，沟溜面积占稻田面积的 5%~10%。

（2）鳅苗放养

插好秧、开好沟、安装好栏栅后，还需要施足基肥、培肥水

质、繁育饵料生物。方法是在沟溜中用牛粪、猪粪、鸡粪、稻草和米糠等混合铺 10~15 厘米厚，再盖一层泥土。当稻田水中浮游生物多，对泥鳅苗种生长有利时，即可放养泥鳅苗种。泥鳅苗可人工繁殖培育或从天然和养殖水域零星捕捞收集，但放养规格大小要求基本一致，一般每亩稻田放养 2~5 克/尾的小泥鳅 60~120 千克，或每亩放体长 10 厘米以上泥鳅苗种 2 万尾左右。如果是不投饲料的粗放养殖，放养数量则相应减少。具体应注意做好以下几项工作。

①鱼沟、鱼溜消毒：泥鳅苗投放前，应对鱼沟、鱼溜进行消毒处理，每平方米水面用生石灰 200 克，以杀灭有害病菌。鱼沟、鱼溜药性消失后即可放养泥鳅种。

②选择苗种：选择体质健壮无伤、游动活泼、规格整齐、肌肉肥厚、体表无寄生虫的泥鳅苗种。

③泥鳅种消毒：先在桶、盆中配备 3%~5% 食盐溶液，然后放入泥鳅苗，5~10 分钟后将泥鳅苗捞出放入清水中，约 10 分钟后放入稻田饲养。

④放养时间：秧苗栽完后放养苗种。泥鳅苗的放养密度要适宜，密度过大，易引发疾病，造成泥鳅死亡；密度太小，产量低，效益不显著。苗种规格以体长 3~4 厘米为好，每亩放养 2.5 万尾左右。

（3）饲料投喂

泥鳅在稻田中主要摄食水蚤、蚯蚓、摇蚊幼虫等，施肥能促使天然饵料生长，较投饵经济有效；肥料应先发酵，少量多次使用，水质太肥则不施，与池塘养鱼标准相同。放养密度高的稻田应加投豆浆、面粉、米糠、豆渣、麦麸、青菜碎叶、蚯蚓、蝇蛆或鱼用配合饲料。泥鳅摄食量受水温的影响较大，在适宜生长的水温范围内，日投喂率为泥鳅体重的 4% 左右，一般以投喂饲料后 1 小时内吃完的投喂量为最适宜。泥鳅在夜间摄食量较大，生长旺盛期白天也摄食，根据这个特点，投喂应以晚上为主。由于泥鳅具有贪食的特点，在养殖过程中应避免过量投喂，并根据吃食情况增减。秋天水温在15℃以下时停止投喂。饲料投喂要设几个固定的投饵点，以减少饵料浪费和便于观察。应重点注意以下两点：

①适时追肥。每隔1个月，在鱼沟中追施有机肥1次。施肥量为每亩用有机肥300千克，另加少量过磷酸钙，以培养水体中的浮游生物，给泥鳅增加大量的鲜活饵料。使用化肥时，要严格控制用量，尿素每次每亩用4~5千克，硫酸铵每次每亩用7.5~10千克。

②科学投喂。泥鳅种放养第1周不必投饵；1周后，每隔3~4天喂炒熟的麦麸和少量蚕蛹粉；30天后，1天投喂饲料1~2次。以后上午和傍晚各1次，日投喂率一般为泥鳅体总重量4%~5%。开始时，沿鱼沟、鱼溜均匀撒投，以后逐渐缩小食场，最后将饲料投放在固定的鱼溜中的食台上，以利于泥鳅集中摄食和冬季捕捞。11月下旬水温降低后，应停止投饵。

（4）施肥和用药

施肥对水稻和鱼类生长都有利，但施肥过量或方法不当，会对泥鳅产生有害作用。因此，必须坚持以基肥为主、追肥为辅，以有机肥为主、化肥为辅的原则。

稻田中施用的磷肥常以钙镁磷肥和过磷酸钙为主。钙镁磷肥施用前应先和有机肥料堆沤发酵后使用。堆沤过程靠微生物和有机酸作用，可促进钙镁磷肥溶解，提高肥效。堆沤时将钙镁磷肥拌在10倍以上的有机肥料中，沤制1个月以上。过磷酸钙与有机肥混合施用或厩肥、人粪尿一起堆沤，不但可提高磷肥的肥效，而且过磷酸钙容易与粪尿中的氨化合，减少氮素挥发，对保肥有利。因此，采用氮肥结合磷钾肥作基肥深施可提高利用率，也可减少对泥鳅危害。

有机肥均需腐熟才能使用，防止有机肥在腐解过程中产生大量有机酸和还原性物质，从而影响泥鳅生长。

基肥占全年施肥量的 70%~80%，追肥占 20%~30%。注意施足基肥，适当多施磷钾肥，并严格控制用量。因为对泥鳅有影响的主要是化肥，施用过量，水中化肥浓度过高，就会影响水质，严重时引起泥鳅死亡。几种常用化肥安全用量每亩分别为：硫酸铵 10~15 千克、尿素 5~10 千克、硝酸钾 3~7 千克、过磷酸钙 5~10 千克。如以碳酸氢铵代替硝酸铵作追肥，必须拌土制成球肥深施，每亩用量 15~20 千克。碳酸氢铵作基肥，每亩可施 25 千克，施后 5 天才能放苗种。长效尿素作基肥，每亩用量 25 千克，施后 3~4 天放苗种。若用蚕粪作追肥，应经发酵后再使用，因为新鲜蚕粪含尿酸盐，对泥鳅有毒害。施用人畜粪追肥时每亩每次以 500 千克以下为宜，作基肥时以 800~1 000 千克为宜。过磷酸钙不能与生石灰混合施用，以免起化学反应，降低肥效。

酸性土壤的稻田应常施石灰，中和土壤酸性，提高过磷酸钙肥效，同时有利提高水稻结实率，但过量有害。一般稻田水深 6 厘米，每亩每次施生石灰不超过 10 千克，要多施生石灰，但应少量多次，分片撒施。

用药时尽量用低毒高效农药，且剂量要准确，切忌用量过大，并在用药前加深田水，水深达 10 厘米以上。如水深少于 2 厘米，会对泥鳅安全带来威胁。病虫害发生季节，往往气温较高，一般农药随气温上升会加速挥发，同时也加大了对泥鳅毒性。喷洒农药时应尽量喷在水稻叶片上，以减少落入水中的机会。也可降低水位，使泥鳅生活在鱼沟、鱼溜中，防止农药对泥鳅的影响，几天后再恢复水位。粉剂尽量在早晨稻株带露水时撒用，水剂宜晴天露水干后喷，下雨前不要施药。用喷雾器喷药时喷嘴应伸到叶下向上喷。养泥鳅稻田不提倡拌毒土撒施。使用毒性较大的农药时，可一边换水一边喷药，或先干田驱泥鳅入沟凼再施药，并向沟凼冲换新水。也可采用分片施药，第一天施一半，第二天再施另一半，可减轻对泥鳅的药害。养殖泥鳅的稻田禁止使用毒杀酚、五氯酚钠、呋喃丹等剧毒农药，以免造成泥鳅中毒死亡。严禁使用已明令禁用的农药、渔药，遵照用药限量及休药期，确保食用泥鳅无公害。

农药毒性分以下三类：

①高毒农药：呋喃丹、1605、五氯酚钠、敌杀死（溴氯菊酯）、速灭杀丁（杀灭菊酯）、鱼藤精等。

②中毒农药：敌百虫、敌敌畏、久效磷、稻丰散、马拉松（马拉硫磷）、杀螟松、稻瘟净、稻瘟灵等。

③低毒农药：多菌灵、甲胺磷、杀虫双、速灭威、叶枯灵、杀虫脒、井冈霉素、稻温酞等。

据有关测试，甲胺磷对草鱼种安全浓度为常规用药量的 27 倍，乐果为 9.2 倍，马拉硫磷为 2.7 倍，敌敌畏为 39 倍，敌百虫为 46 倍，杀虫脒为 2.2 倍，稻瘟净为 3.1 倍，井冈霉素为 458 倍，所以，以上农药如按常规用量施药，对养殖泥鳅是安全的。

中稻田用杀虫双时，最好在二化螟发生盛期，前期可用杀螟松、敌百虫、马拉松等易在稻田生态环境中降解的农药。若在水稻收割后进行冬水田养泥鳅的稻田，切忌在水稻生长后期使用杀虫双。

（5）水质管理

主要根据水稻生长的需要并兼顾泥鳅的生活习性，采取"前期水田为主，多次晒田，后期干干湿湿灌溉法"。前期稻田水深保持 6~10 厘米，至水稻拔节孕穗之前轻微晒田 1 次。从拔节孕穗期开始至乳熟期，稻田水深应保持 6 厘米，往后灌水与晒田交替进行。晒田期间，鱼沟、鱼溜、围沟和厢沟中的水深应保持 15~20 厘米。当水温超过 30℃或田水过肥时，应适时注入新水，以调节和改善

水温和水质。养殖期间 3~5 天换 1 次水。

（6）日常管理

①防逃：每当雨天，特别是阴雨天，应注意及时排出稻田内的水，防止水位上涨，发生溢水导致泥鳅出逃。还要经常性地检查注、排水口及其拦鱼设施，发现问题，及时解决，防止泥鳅逃逸。

②防病：只要采取细致的预防措施，泥鳅一般不会发病。如选养体质健壮的苗种，苗种放养前全田消毒，苗种入池时浸泡消毒，养殖过程中每隔 10~15 天饲料中拌抗生素消炎，每隔 20 天全田泼药消毒一次，及时换注新水，保持水质清新，溶氧充足。

③起捕：通常在水稻即将成熟或稻谷收割后进行。一般采用泥鳅笼装饵诱捕。也可将田水放干，让泥鳅聚集于鱼溜之中，用拉网捞起。在水源方便的稻田，可以边冲水、边驱赶，然后集中捕捞。

（7）越冬管理

为了保证翌年稻田养殖泥鳅的种质资源，应当进行保种越冬。稻田水温降至 10℃以下时，泥鳅潜入泥中准备越冬。水温下降到 5℃左右时，泥鳅开始冬眠越冬。越冬之前，先用适量农家肥撒入鱼溜内，以增厚淤泥层，并将稻草铺设在鱼溜中，然后将种泥鳅集中于鱼溜中，这样种泥鳅即会潜入鱼溜底部的淤泥中安全越冬。为了便于越冬管理，确保泥鳅种安全越冬，可以利用农家房前屋后的低洼水凼、水坑，略加修整，即在凼、坑的底层保持 13~16 厘米厚的淤泥，维持 16~20 厘米深的水位，上面加盖稻草保温棚，以作为泥鳅的越冬池。在生产中，大多采用泥箱法越冬保种，即将 100 厘米长、30 厘米宽、20 厘米高的越冬箱，先放入 3 厘米软泥，然后放入 2 千克泥鳅，再装 3 厘米软泥，再放入 2 千克泥鳅，如此 3~4 层，待箱装满后钉上有小孔的箱盖，沉入到深水中（养鱼池塘的底部）越冬。此法越冬保种，成活率较高。

5. 商品泥鳅的养殖

稻田饲养商品泥鳅有半精养和粗养两种。半精养是以人工饵料为主，对鳅种、投饵、施肥、管理等均有较高的技术要求，单产较高。粗养主要是利用水域的天然饵料进行养殖生产，成本低，用劳力较少，但单产较低。

（1）半精养

一般在秋季水稻收割之后，选好田块，搞好稻鱼工程设施，整理好田面。来年水稻栽秧后待秧苗返青，排干田水，太阳曝晒 3~4 天。每 100 米^2 田面撒米糠 20~25 千克，次日再施有机肥 50 千克，使其腐熟，然后蓄水。水深 15~30 厘米时，每 100 米^2 放养 5~6 厘米鳅种 10~15 千克，放养后不能经常搅动。第一周不必投喂，1 周后每隔 3~4 天投喂炒麦麸和少量蚕蛹粉。开始时均匀撒投田面，以后逐渐集中到食场，最后固定在鱼凼中投喂，以节省劳力和方便冬季聚捕。每隔 1 个月追施有机肥 50 千克，另加少量过磷酸钙，促进活饵料繁衍。泥鳅正常吃食后，主要喂麦麸、豆渣、蚯蚓和混合饵料。根据泥鳅在夜晚摄食特点，每天傍晚投饵 1 次。每天投饵量为稻田泥鳅总体重的 3%~5%。投饵做到"四定"，并根据不同情况随时调整投喂量。一般水温 22℃以下时以投植物性饵料为主，水温 22~25℃时将动、植物饵料混合投喂，水温 25~28℃时以投动物性饵料为主。11 月至翌年 3 月基本不投喂。夏季注意遮阴，可在鱼凼上搭棚，冬季盖稻草保暖防寒。注意经常换水，防止水质恶化。冬季收捕一般每 100 米^2 可收规格 10 克以上的泥鳅 30~50 千克。

（2）粗养

实行粗养的稻田，同样应按要求做好稻田整修和建造必要的设施。当水稻栽插返青后，田面蓄水 10~20 厘米后投放鳅种，只是

泥鳅生态养殖技术

放养密度不能过大。由于不投饵，所以通常每亩投放 3 厘米鳅种 1.5 万~2 万尾，或每 100 米² 稻田投放大规格鳅种 5 千克左右。虽不投饵，但依靠稻田追施有机肥，可有大量浮游生物和底栖生物及稻田昆虫供其摄食。夏季高温时应尽量加深田水，以防烫死泥鳅。如为双季稻田，在早稻收割时，将泥鳅在鱼凼或网箱内暂养，待晚稻栽插后再放养。如防害防逃工作做得好，每亩稻田也可收获体长 10 厘米（每尾鱼 8 克左右）泥鳅 50 千克以上。

另一种粗养方式是栽秧后，直接向田里放泥鳅亲鱼 10~15 千克，任其自然繁殖生长，只要加强施肥管理，效果也不错。

（四）池塘养殖技术

在池塘中饲养泥鳅，能提高泥鳅的产量，创造更好的经济效益。投放规格为 300 尾 / 千克左右的鳅苗，每亩放养量为 20 000~30 000 尾，经过 5~6 个月的饲养，平均个体可达 15 克以上，亩产 250~450 千克。

1. 鳅池的选择与清整

饲养泥鳅的池塘应以东西长、南北宽的长方形为宜，长与宽的比为 2∶1 或 3∶1，面积可大可小，以 1~5 亩为宜，要求日照充足，温暖通风，注排水方便，交通便利；池塘底质为腐壤土，中性或弱酸性。

在放养鳅苗前，应对池塘进行清整改造和消毒。在池中设进水口和排水口，进排水口要设防逃拦网，防止泥鳅在进排水时逃逸，以及防止在进水时野杂鱼或凶猛肉食性鱼类进入池塘，影响饲养效果。防逃网的材料可用尼龙网片或铁丝网制成。要清除池埂上的杂草，池埂要夯实，不能有小洞外通；如果有条件，可在池埂

124

上修建护坡，或者用水泥板或塑料板在池埂上围造；池埂应高出水面约 40 厘米，防止泥鳅在雨天逆流逃逸。将池塘底部整平夯实，略向排水口一端倾斜，并在排水口处开挖一个面积约占全池面积 1/5~1/3、深 30~50 厘米的鱼溜，以便在高温季节泥鳅钻泥避暑和在捕捞时集中池中的泥鳅，减轻劳动强度。在池底铺上一层含腐殖质较多的黏土层，上面再铺一层淤泥。如果池塘中淤泥过厚，则应清除过多的淤泥，使淤泥的深度保持在 30 厘米以内。

池塘中四角或对角处应搭设 1~4 个固定的食台。制作食台的材料可用网片、木板、竹篾席等，面积 5~8 米^2。食台的四角用竹竿捆扎固定，插在离池底约 10 厘米处即可。

在放苗前 15 天左右，用生石灰或漂白粉清塘消毒，杀灭池中的致病菌、野杂鱼和敌害。施用生石灰时，将池水排干或保持水深 6~10 厘米，每亩用 75~150 千克，化水全池泼洒，然后灌水 20~40 厘米；使用漂白粉可带水清塘，每立方米水体用 20 克漂白粉，化水全池泼洒。清塘后再在池塘四角和鱼溜中堆放经过发酵腐熟的混合有机肥，如猪粪、牛粪、鸡粪等，培育池塘中天然饵料生物，使鳅苗一下塘便可摄食到天然饵料。有机肥的施用量为每亩 150~250 千克。施肥后 7~10 天左右，池水毒性消失，池水变肥，池中天然饵料生物如枝角类、桡足类等出现，水体透明度达到 20~25 厘米，即可投放鳅苗。

2. 放养密度

池塘饲养泥鳅，鳅苗的放养量与鳅苗规格、池塘条件、饲料来源和饲养水平等因素有关。规格为 400 尾／千克左右的鳅苗，一般每亩放养量为 3 万~3.5 万尾；规格为 300 尾／千克左右的鳅苗，一般每亩放养量为 2 万~3 万尾。

鳅苗在下池前，要进行严格的鱼体浸洗消毒，除去鳅苗体表的

病原菌，增强抗病能力。

鳅苗下塘的时间最好选择在晴天下午进行。鳅苗下池时要注意将有病有伤和死亡的鳅苗捞出来，在远离养殖的地方，采用焚烧或加生石灰深埋的方法处理，避免病菌污染饲养水体，使病源扩散，引发鱼病。

3. 饲料投喂

泥鳅为杂食性鱼类，在进行池塘饲养时，除了施肥培育天然饵料生物外，还应投喂鱼粉、鱼浆、蚕蛹、猪血、动物下脚料，以及麸皮、米糠、菜饼、豆饼、豆渣、瓜菜叶子等植物性饲料，也可用上述饲料作为原料，制成配合饲料进行投喂。泥鳅的最适饵料配方如下：鱼粉15%、豆粕20%、菜籽饼20%、四号粉30%、米糠12%、添加剂3%。泥鳅池塘饲养投饲方法与水泥池养殖略有不同。池塘饲养泥鳅，鳅苗在下塘后2天内不投饲料，等鳅苗适应池塘环境后再投饲料。开始投喂饲料时，先是将粉状饲料沿池塘四周定时均匀投撒，逐渐将投喂的地点固定在食台周围，然后将投饲点固定在食台上，使泥鳅形成定时到食台上摄食的习惯。泥鳅的食性与水温有密切联系。水温在16~20℃时以植物性饵料主，占60%~70%；水温在21~23℃时，动植物性饲料各占50%；而水温超过24℃时，增投动物性饲料为60%~70%。投喂饲料要做到"四定"。

4. 日常管理

池塘饲养泥鳅，日常管理主要集中在水质管理、防病、防害和防逃等几个方面。

（1）水质管理

水质要求"肥""活"。当池水的透明度大于25厘米时，就应追施有机肥，增加池塘中的桡足类、枝角类等泥鳅的天然饵料生物；透明度小于 20 厘米时，应减少或停施追肥。坚持每天早晚巡塘，注意观察泥鳅的活动和摄食情况，了解是否缺氧以及缺氧程度。夏季清晨，如果只有少数泥鳅浮出水面，或在池中不停地上下蹿游，这种情况属于轻度缺氧，太阳升起后会自动消失。如果有大量的泥鳅浮于水面，驱之不散或散后迅速集中，同时伴有水色发暗，池水过浓，呈茶褐色或黑褐色，有大量蓝藻繁殖，池水透明度小于 20 厘米时，就表明水质恶化，缺氧比较严重，此时要加注新水或者泼洒增氧剂，缓解池塘缺氧症状；在高温季节要暂停施追肥，适当加深水位，定期开启增氧机。

在饲养过程中，要每星期全池泼洒一次生石灰、漂白粉或光合细菌，进行水质调节和水体消毒，杀灭致病菌。生石灰的用量为每亩 5 千克，化水全池泼洒；漂白粉的用量为每立方米水体 1~2 克，化水全池泼洒。一般在养殖中后期每个月施用 1~2 次光合细菌，每次用量水体浓度为 5~6 克 / 米^3。施用光合细菌 5~7 天后，池水水质即可好转。

最适宜泥鳅生长的水温为 23~28℃，当池塘水温高于 30℃时，泥鳅便会停止摄食，钻入池底淤泥中避暑。为了延长泥鳅的生长时期，在饲养过程中，高温季节应经常加注新水，并在池塘边或四角栽种莲藕等挺水植物遮阴，降低池水水温，使泥鳅能快速生长。种草面积应控制在 15% 左右。

每天投喂饲料前，要先检查和清扫食台，观察泥鳅的摄食情况，及时捞出食台上的残饵，防止残饵腐化分解，败坏水质，引发疾病。

（2）防止疾病的发生

泥鳅在饲养过程中发病很少，泥鳅发病的原因多是因为日常管理和操作不当而引起，而且一旦发病，治疗起来也很困难，因此，

对泥鳅的疾病应以预防为主。预防的方法主要有以下几点：

①泥鳅的饲养环境要选择在避风向阳、靠近水源的地方进行。

②要选择体质健壮、活动力强、体表光滑、无病无伤的苗种。

③合理的放养密度。在泥鳅养殖期间，如放养密度太低，则会造成水面资源的浪费；放养密度太高，又容易导致泥鳅生病。如进排水方便、有微流水等条件好的池塘可增加放养量，否则要减少放养量。

④定期加注新水，改良池水水质，增加池水溶氧，调节池水水温，减少疾病的发生。要注意的是在加注新水时，每次的换水量不宜过大，一般以换掉池水的1/5左右为宜；在换水时要注意，在注入地下水或冷浸水时，要进行充分的曝气和自然升温，避免因池水温度忽高忽低而引发疾病。

⑤加强饲料管理。泥鳅是一种杂食性淡水经济鱼类，尤其喜食水蚤、丝蚯蚓及其他浮游生物，但动物性饲料一般不宜单独投喂，否则容易使泥鳅贪食不消化，肠呼吸不正常，胀气而死亡，腐臭变质的饲料绝不能投喂，否则，泥鳅易发肠炎等疾病。

⑥投喂饲料前要先检查和清扫食台，及时捞出食台上的残饲，食台要定期清洗消毒，每半个月对食台及食台周围泼撒生石灰。如果有条件，可以每半个月将食台取出暴晒，换上新的食台，轮换使用。定期投喂药饵，并结合用硫酸铜和硫酸亚铁（5：2）合剂进行食台挂篓挂袋，增强池塘中泥鳅的抗病力，防止疾病的发生和蔓延。

⑦在饲养过程中，定期用药物进行全池泼洒消毒，调节水质，杀灭池中的致病菌。

⑧捕捞运输过程中规范操作，避免因人为原因而使鳅体受伤感染，引发疾病。

⑨定期检查泥鳅的生长情况，避免发生营养性疾病。每天巡池

时要注意观察，如果发现池中有病鳅、死鳅要即时捞出，查明发病死亡的原因，即时采取治疗措施；对病鳅、死鳅要在远离饲养池的地方采取焚烧或深埋的方法处理，避免病源扩散。

（3）防敌害生物

泥鳅的敌害生物种类很多，如水蛇、鸥鸟、鸭子、鲶鱼、乌鳢等凶猛肉食性鱼类以及与泥鳅争食的生物如鲤鱼、鲫鱼、蝌蚪等。泥鳅个体小，容易被敌害生物猎食，在饲养期间，要注意杀灭和驱赶敌害生物。鲶鱼、乌鳢由于有辅助呼吸器官，能够在饲养泥鳅的池塘中生存，并且由于其食量大，吞食池塘中饲养的泥鳅，影响泥鳅的饲养效果，因此，这些凶猛肉食性鱼类要彻底清除出养鳅池。

（4）防逃

泥鳅善逃，当拦鳅设备破损、池埂坍塌或有小洞裂缝外通、汛期或下暴雨发生溢水时，泥鳅就会随水或钻洞逃逸。特别是池塘高密度饲养泥鳅，即使只有很小的水流流入饲养池中，泥鳅便可逆水逃走，往往在一夜之间逃走一半甚至更多。防止泥鳅逃跑主要注意以下几点：

①在清整池塘时，清除池埂上的杂草，夯实和加固加高池埂，避免因池水浸泡发生坍塌龟裂。

②加强巡塘。在饲养期间，要经常割除池埂上的杂草，便于查看池埂是否有小洞或裂缝外通，如有则应即时封堵；检查进排水口的拦鳅设备是否损坏，一旦有破损，就要及时修复或更换。

③在汛期或下暴雨时，要主动将池水排出，加固池埂，疏通进排水口，避免发生溢水逃鱼。

（五）茭白田套养泥鳅技术

茭白田套养泥鳅是利用泥鳅与茭白均只需浅水位这一共性，在田块中既种茭白又养泥鳅。茭白行、株距较宽，可为泥鳅提供足够的生活空间，盛夏高温季节，茭白叶高挺且宽、丛生繁茂，成为天然的遮阳棚，十分有利于泥鳅避暑度夏；泥鳅喜食水中细菌、小型寄生虫等动物性饵料，从而大大减少茭白病虫害的发生；泥鳅的粪便又是茭白的优质肥料，从而可获得茭白、泥鳅双增产。因此茭白田套养泥鳅，是充分利用水资源、积极调整农村产业结构、增加农民经济收入的好项目。在茭白田套养泥鳅，一般可获亩产成品鳅150~200千克，茭白800多千克，亩产值3 000~4 000元，经济效益十分可观。

1. 田块选择与田间工程建设

选择水源充足、水质良好、无污染、排灌容易、管理方便的田块。面积以1~2亩为宜，底质以保水性能较好的沙壤土为佳。田块修整包括鱼沟、鱼溜和田埂的建设。鱼沟是泥鳅活动的主要场所，可开挖成"田"字或"井"字形，沟宽40厘米、深50厘米；鱼溜设在田块的四角或对角，鱼溜宽1~2米、深50~60厘米，鱼溜与鱼沟相通。鱼沟、鱼溜的面积占田块总面积的3%~6%。在开挖鱼沟、鱼溜的同时，可利用土方加高田埂，使田埂高出60厘米，以保证茭白田蓄水时水深达30~40厘米，鱼沟水深70~80厘米。田埂顶宽30厘米。田埂内坡覆盖地膜，以防田埂龟裂、渗漏、滑坡。

进排水口呈对角设置，这样在加注新水时，有利于田水的充分交换。进水经注水管伸入田块悬空注水，水管出水处绑一个长50厘米的40目筛绢过滤袋，防止野杂鱼、蝌蚪、水蜈蚣、水蛇等敌害生物随水进入田中。排水口安装密网眼铁丝网制成的高 50 厘米、宽 60 厘米的长方形栅栏，栅栏上端高出田埂 10 厘米，其余三边各嵌入田埂 10 厘米。为防止暴雨时因排水口不畅而发生田水漫埂逃鱼，可在靠排水口一边的田埂上开设多个溢水口，溢水口同样要安装牢固的拦鳅栅。

2. 茭白移植

茭白忌连作，一般 3~4 年轮作一次。对轮作田块可在春季 4 月茭白旧茬分蘖期进行移植，移植后一般当年就可获得一定的产量。行、株距为 0.5 米 ×0.5 米，且要浅栽，水位保持在 10~15 厘米。

3. 消毒施肥

鳅苗放养前 10 天左右，每亩用生石灰 15~20 千克或漂白粉 1~2.5 千克，兑水搅拌后均匀泼洒，杀灭田中的致病菌和敌害生物，如蛙卵、蝌蚪、水蜈蚣等。

在茭白田灌水前，每亩施经发酵过的有机粪肥 600 千克左右，其中 250 千克均匀地施于鱼沟内，其余的施在田块上并深翻入土，翻土时要注意不要破坏鱼沟、鱼溜。

4. 鳅苗的放养

茭白田套养泥鳅有两种模式：一是放养亲鳅，让其自繁、自育；二是放养鳅苗。放养亲鳅时，可选择体形好、个体大、无病无伤的成鳅作为亲鳅，于茭白移植成活后放养，一般每亩放养量 10~15 千克，雌雄比例为 1：1.5。

鳅苗以放养规格在 3 厘米以上的为好。放养时间选择在追施的化肥全部沉淀后（一般在茭白移植后 8~10 天），放养密度一般为每亩 8 000~10 000 尾。放养前要用 20~30 尾进行"试水"，在确定水

质安全后再放苗。

无论是亲鳅还是鳅苗，放养前均须进行鳅体消毒。消毒方法是用 3%~5% 食盐水浸洗鳅体 10~20 分钟，具体消毒时间应视鳅鱼的体质而灵活掌握。

5. 饲养管理

茭白田套养泥鳅，饲养管理主要集中在施肥、投喂、水质调节、防逃和防害等几个方面。

（1）施肥

泥鳅属杂食性鱼类，常以有机碎屑、浮游生物和底栖动物为饵料。在养殖过程中应在鱼沟、鱼溜中定期追施经发酵的畜禽粪等，也可施用氮、磷、钾等化肥。田水透明度控制在 15~20 厘米，水色以黄绿色为好。

（2）投喂

泥鳅食性很广，喜食畜禽内脏、猪血、鱼粉和米糠、麸皮、豆腐渣及人工配合饲料等。当水温在 20~23℃时，动、植物性饲料应各占 50%，水温 24~28℃时动物性饲料应占 70%。日投喂 2 次，7：00—10：00 和 16：00—18：00 各一次；日投喂量为鳅鱼体重的 3%~5%，做到定时、定位、定质、定量。具体投饵时还应根据水质、天气、摄食等情况灵活掌握。

（3）水质调节

茭白移植和苗种放养初期，幼苗矮可以浅灌，水位保持在 10~15 厘米，随着茭白长高，泥鳅长大，要逐步加高水位至 20 厘米左右，使泥鳅始终能在茭白丛中畅游索饵。茭白田排水时，不宜过急过快；夏季高温季节要适当提高水位或换水降温。

（4）防病害

鱼沟、鱼溜中要定期泼撒生石灰进行消毒。要坚持每天巡田，仔细检查田埂有无漏洞，拦鳅栅有否堵塞、松动，发现问题及时处理。发现蛙卵、水蜈蚣、水蛇等应及时清除；发现水鼠，可用毒鼠药诱杀。

（5）慎用农药

防治茭白病虫害时应尽量采用高效低毒农药，并严格控制安全用量。茭白主要的病虫害有长绿飞虱和锈病。防治长绿飞虱可选用扑虱灵、阿克泰、吡虫啉等；锈病可用硫黄悬浮剂。施药前田块水位要加高 10 厘米，施药时喷雾器的喷嘴应横向朝上，尽量把药剂喷在茭叶上。粉剂应在早晨有露水时喷施，液剂应在露水干后喷施，切忌雨前喷药。

（六）慈姑田套养泥鳅、花白鲢技术

慈姑田套养泥鳅，不仅可以充分利用水中动物性饵料，而且还能减少慈姑病虫害（因泥鳅畅游索食害虫，起着生态防病作用），使慈姑与泥鳅共生互利达到高产的目的。近几年，江苏盐城市盐都区义丰镇双官村农民宋忠建利用自家 10 亩责任田栽植水生作物慈姑套养泥鳅、花白鲢，经过 4~5 个月生长与培育，取得显著成效：一般每亩能生产商品鳅 80~100 千克，花白鲢鱼种 100 千克，产慈姑 1 000 千克以上。

泥鳅是底栖鱼类，喜欢钻泥，疏松池底淤泥，促进田内物质循环，给微生物繁殖生长创造条件，为花白鲢创造良好的生活环境，提供丰富的浮游生物饵料，以鳅促鲢，以鱼促姑，因为水生慈姑是喜肥性植物，花白鲢是肥水性鱼类，泥鳅可食天然饵料，故三者之间有相互促进作用。

实践证明，该模式把节地、节水、节肥等全面结合起来，发展生态养殖已初具规模。泥鳅、花白鲢生活在水生慈姑丛中，更好地

把动、植物有机结合起来，生产出健康绿色食品，深受广大消费者的青睐。

1. 田间建设

选择排灌方便、水源充足、土层肥沃、保水性强的慈姑田，面积以 3~5 亩为宜。根据田块形状，开挖成"田""日""目"字形的沟，沟宽 1~1.2 米、深 0.8~1 米。加固加宽田埂，使田埂达到高 0.8 米、宽 0.5 米，并夯实。一般沟的面积占田块面积 20%~25%。在慈姑田对角两端设进排水系统，并安装栅栏或密眼铁丝网等拦鱼装置。

2. 消毒施肥

慈姑田进水前，每亩用生石灰 50~60 千克化水全田泼洒，以杀灭野杂鱼和消灭病菌。然后每亩施腐熟的猪牛粪 200~250 千克作底肥，其余施在田面上，以增肥水质，繁殖浮游植物，为泥鳅提供丰富的天然饵料。

3. 慈姑移栽

一般以 5—6 月移栽为宜，亩栽 1 500~2 000 株。慈姑移栽前施足基肥、日常管理等均按常规农事操作。慈姑需水量大，栽植后畦面保持水位 10~15 厘米。

4. 苗种投放

可从天然水体捕获物中挑选体形好、个体大的亲鳅放入慈姑田，让其自繁、自育、自养。一般每亩放 10~15 千克，雌雄比例为 1 : 1.5，泥鳅苗套养规格为每尾 2~3 厘米、每亩放 0.6 万~1 万尾，搭养花白鲢夏花，每亩放 400~600 尾。放养时间大致在 6 月中旬，此时慈姑植株已长至15~20厘米。泥鳅苗种入田前，先用3%~4%食盐水浸洗3~5分钟。

5.饲料投喂

泥鳅是杂食性鱼类，养殖过程中既要利用肥水培育天然饵料，又要进行人工投饵。花白鲢可直接利用田中天然饵料和泥鳅吃剩的饵料，起着"清洁工"的作用。泥鳅种下塘后，要根据田水肥瘦及时追肥，一般每隔30~40天追肥一次，每次每亩追肥50~60千克，保持田水透明度在15~20厘米，水色为黄绿色为佳。投喂的饵料有鱼粉、动物内脏、猪血粉、蚕蛹粉等动物性饵料及谷糠、米糠、豆饼、麦麸、菜饼等植物性饵料。配合饵料可以由50%小麦粉、20%豆饼粉、10%米糠粉、10%鱼粉、7%血粉、3%酵母粉组成。投喂前，配合饵料中加入一定量的水，并捏成软块状，然后投入沉于水中food台上。泥鳅食物与水温有关。水温20℃以下时，植物性饵料占摄食总量60%~70%；水温20~23℃时，摄食饵料中动、植物饵料各半；水温在24~28℃时，动物性饵料占60%~70%。因此，在不同的季节要适当调整饵料的成分和投喂量。一般每天投喂2次，6：00—7：00投喂70%，13：00投喂30%。水温在15℃时，日投量为鳅体重的2%，随着水温升高，投喂量也逐渐增加。在泥鳅生长适温范围内，最高投喂量可达鳅体重的10%~15%，一般为7%~8%。水温高于30℃或低于10℃，应少投或停喂。

6.日常管理

坚持早晚巡田，认真观察水色，防止水质恶化，以免泥鳅缺氧死亡。每隔7~10天换水1次，换水时，先将原水排出1/3~1/2，然后注入新水，并随水温升高和泥鳅、慈姑的生长逐渐加深水位。经常检查田埂是否有漏洞及拦鳅设施的是否完好，防泥鳅外逃。

7月开始，每隔10~15天每亩水面（按沟系面积计算）用生石灰1.25~1.5千克化水泼洒，防病防害。一般情况下，泥鳅生活在这特定的生态环境里，较少发病。

7. 捕捞采收

泥鳅、花白鲢一般从10月中旬开始捕捞，至11月底捕完。慈姑采收期为12月至翌年3月，采取逐一翻土取出慈姑，并将钻土泥鳅捕获。

（七）泥鳅的其他几种健康养殖技术

1. 流水健康养殖技术

（1）网栏流水养鳅

水源丰富、水流不断、场地狭窄的溪流、河沟，可利用起来养泥鳅。方法是在上、下设网或栅栏，或者用网或栅栏围圈起来。水流通过，但又防止泥鳅逃跑。

网及栅栏的大小随地形和养殖面积而定，一般不宜太大，面积控制在1 000米^{2}以下较好。放养量为每平方米放150~200尾鳅种。投喂精、粗饲料或配合饲料，每天2~3次。不过，用网栏流水养鳅，因流水保肥能力差，需投喂的饲料较多，其饲养成本较高。

（2）木箱流水养鳅

木箱流水养鳅是在较大的河沟、溪流边以及有流水的水域中用木箱饲养。国内和日本的一些养殖户自行设计木箱养鳅，一个木箱一次可产成鳅8~15千克。

养殖所用木箱的规格一般为长2~3米、宽1~1.5米、高1米左右，要求用杂木制作，内壁光滑。箱的宽面对准水流，并在两个宽面开设直径为 3~4 厘米的进出水口各一个，口上和箱上均安装网目为 2 毫米左右的金属网，防止泥鳅外逃。进水口开设在木箱上部，出水口的开设稍低于进水口，箱底填入粪肥、泥土或一层稻草、一层泥土，堆积 2~3 层，最上面一层为泥土，保持箱内水深 30~50 厘米左右。木箱可放在流水地方，让水从一个口流进，另一个口排出。注水也可以用水管由上向下流，几个木箱并联也可以。

选择向阳和水温较高的地段放置木箱，水温不能低于 15~20℃，降雨时要防止溢水，还要在木箱上设置盖网以防鸟兽危害。每个木箱可放养 3~4 厘米的幼鳅 1~1.5 千克（250~350 尾），放养后，每天投喂米糠、蚕蛹、蚯蚓等做成的团状饵料，投饵量为鳅体重的 1%~2%，分早晨、中午、傍晚 3 次投喂。在饲养期间，下雨时要防箱水外溢和防止农药等污染水源进入箱内，饲养半年左右就可收获，一个木箱约产泥鳅 15~20 千克。流水中放置木箱的地方尽可能是向阳、水温较高之处。

投喂饲料和日常管理：一般情况下和池塘管理差不多，只是在管理上要注意暴雨涨水时进排水口受阻和木箱溢水。另外，每隔 10~15 天将下层泥土搅拌一次。饲养 6 个月左右增重 6~10 倍达成鳅规格，经济效益可观。

2. 池沼健康养殖技术

池沼中不便栽种其他农作物，但水草及水生动物较丰富，有利于养泥鳅。其方法与稻田养鳅稍有不同，要点如下：

（1）整修池沼

水草生长太盛的池沼要除去一部分水草，周边高低不平的埂坡要尽量修平整。池沼水深保持在 30~50 厘米，安装好防逃设施（详见池塘养鳅）。

（2）清池肥水

每平方米沼池用生石灰 45~75 克清池消毒，同时，将清除的水草和有机肥堆铺在池沼的向阳岸的半水坡边，令其腐烂，用以培养水蚤来肥水，经 10 天左右培育即可投放鳅种。

（3）放种

按每平方米池沼面积放规格 3~5 厘米的鳅种 30~50 尾。饲养管理的具体措施见池塘养鳅。

3. 家庭健康养殖技术

有条件的家庭，可在房前屋后庭院天井中挖设小面积鱼池或设置水缸养殖泥鳅。家庭养殖泥鳅可以自繁、自养、自吃、自销，方便易行。养殖的泥鳅在繁殖季节，成熟亲鱼不需注射激素，只要在饲养小水体环境中，有微量的流水刺激，便能产卵繁殖。这样，只要在饲养池中保持适量亲鳅，就可满足全年所需的泥鳅苗种。

（1）缸、坛、罐或塑料盒养鳅

在较大的缸、坛、罐及塑料盒内铺设厚约 20 厘米的塘泥，掺杂有机肥（最好是鸡鸭粪）和碎草，待发酵后注入净水，每平方米可放 3~5 厘米规格的鳅种 30 尾左右。特别要注意的是投饵量和水质变化，用直径 0.5~1 厘米的橡皮管接新鲜水放入底部，每天加注部分新鲜水，上面或开口，或直接溢出部分陈水，以保证水质。

（2）洼地、水凼、坑塘养鳅

农村闲散的洼地、水凼、坑塘等，地块小而且分散，却因水质肥，易管理，成为泥鳅良好的栖息环境。不过，饲养泥鳅时，要求将池壁挖陡，四周夯实，用三合土护坡，进出水口有拦网，池底铺 25~30 厘米泥土，水深 50 厘米左右。每平方米放养鳅种 30~50 尾，体长 3 厘米左右，大小规格要基本一致，并可混养少量鲢鱼、鳙鱼。用施有机肥的方法繁殖天然饵料，若天然饵料不足，可投喂适量人工饲料。

饲养期间应控制好水质，当发现泥鳅蹿出水面"吞气"时，表明水体中缺氧，应停止施肥，并更换新水。泥鳅个体长到 15~20 厘米时即可捕获上市。经 8~10 个月的饲养，亩产 100 千克左右。

4. 无土健康养殖技术

无土养泥鳅是不用淤泥的。这种方法的立足点是用多孔塑料泡沫或木块、水草等非泥土物质，提供一个可给泥鳅钻入洞孔隐蔽的栖息空间。

（1）材料

①多孔塑料泡沫。每隔 5~7 厘米钻直径 2 厘米左右的孔数个，每块塑料泡沫大小不定，厚度以 15~20 厘米为宜，重叠为立体，加以固定，让其浮于水面以下，不露出水面。

②多孔木块或混凝土块。大小、厚度、间距同多孔塑料泡沫，只是重叠后铺排在水中，从底往上排。

③水草隐蔽。池中放水草（水葫芦等），漂浮在水面，为泥鳅遮阴隐蔽，夏季热时不仅可以吸收强紫外线对泥鳅的直接照射，还可调节水温；水草根系发达，不仅给泥鳅提供了良好的栖息的场所，而且还可净化水质，改善饲养池内的整个生态环境，水草覆盖面积占水面的 2/3 左右。

（2）注意事项

饲养管理无论是无土养殖的哪种方式，其管理注意事项如下：

①由于无土养殖泥鳅整个生长时期全部在水中，要求水质肥爽清新，不要有异味异色。夏天生长旺季，气温较高，要经常加注新水，如果有微流水不断流入更好。

②投饵施肥。其投饵施肥的种类、数量、方法，详见"八、养殖水体环境监控与日常管理"。

八、养殖水体环境监控
与日常管理

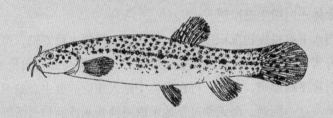

（一）养殖中池水的生态要求及其监控

1. 水体微生态平衡

微生物及藻类等浮游植物是构成水体微生态的主要因素。藻类通过光合作用释放氧，同时吸收水体中的碳等元素。碳元素等由下层水体中的含碳有机物经微生物降解处理后才可能被浮游植物所利用，这三者构成了水体中"生产—消耗—还原"的微生态循环结构。如三者处于持续的平衡循环，即水体达到微生态平衡状态，养殖泥鳅则处于最佳生态状态。然而，由于高密度饲养必然会给水体带来超量有机废物，使得微生态失衡，造成水体污染，因此要强调加强水体正向微生态控制。

当水下有机废物沉积过多时，各种厌氧菌便大量繁殖，产生大量的有害气体（如氨、硫化氢、甲烷等），水体微生态转向负平衡。根据对称平衡原理，此时，可在水体中施入相应的微生态制剂即可有效解决这一问题，而无须过早地采取更换新水或药物灭活等传统措施。微生态制剂可产生水解酶、发酵酶和呼吸酶，对有机废物中的蛋白质、脂肪和糖类具有高速降解作用，而且不产生毒素。它对厌氧菌等有害菌具有抑制作用，不造成污染。微生态制剂可将水下有机废物转变成植物的营养物质，这些营养物质即便不能一下子被浮游植物和绿色植物完全利用，也不至于造成灾难性污染。

2. 营造绿色生态

绿色生态与微生态是对称协作关系。养殖池中可产生大量氧的水生植物及池边的乔木，所需的大量养分均可由微生物分解水中的有机物提供。试验证明，只要生态布局适当，池中的有机废物完全可被绿色植物利用消耗。显然，只要显态的绿色生态和隐态的微生态真正地进入对称运作，生态平衡和生态养殖的可持续循环就可以实现。

3. 水体生态监控

（1）光、温调节

池面光照的强弱具有自然规律。3—4月池面需要阳光时，植被无遮挡；6—8月池内要凉爽时，植被正好遮天蔽日；当秋季再需要阳光时，植被凋落。

通过调整养殖池植被的遮光率，就可以对水温进行一定的控制。这里着重谈一下夏季水温的调控。泥鳅池的水温宜控制在30℃以下，严格地讲，以不超过28℃为佳。调控方法首先是植物遮光率的调节。春夏之交时，如果水温达不到20℃，则说明植被的遮光率偏大，可适当调小，逐渐将植被遮光率调至60%，否则等到盛夏时植被的遮光率又上不去了。特别注意不要修剪粗营养枝条，也不要成片割掉水生植物的叶片。最好的方法是将影响水面光照的树枝向池外扳开固定或适当修剪一些小叶枝，同时将水生植物拔起一些暂时植于他处。但是一旦发现水温升高的速率与植被的遮光率不太同步时，就得注意调节，直至将炎夏高温时水温控制在30℃以下。

要注意通风，对池南面的树木必须进行较大幅度的修剪，但树冠中上部不可修剪，以免影响遮光，故而只能修剪下部，使其主干之间形成高压气流。其他方位可因气流状况而作相应修剪，其原则是"恒温保湿"，不可太过，也不可不及。这里要了解光、温、气、湿四者之间的动态关系，这就是"光调温变，温变气行，气行湿调，湿调光随"。整个养殖池需要控制的直观目标是温度和湿度，但整个控制过程所运行的生态因素远远不止这些。

（2）浮游生物的调控

浮游生物是一个大而复杂的生态类群，包括浮游植物和浮游动物，对维持水体微生态具有不可忽视的作用。

①浮游植物。浮游植物主要是藻类，如硅藻、绿藻、蓝藻、裸藻、甲藻、金藻、黄藻、轮藻等。藻类常分布于水体上层，且随光照、水温的变化而发生垂直变化，如光照强、水温高，则浮于水上层；光照弱、水温低，则下沉。其中蓝藻和绿藻喜强光和较高水温，硅藻、金藻、黄藻等则喜弱光和较低水温；冬、春季硅藻占优势，夏季绿藻、蓝藻占优势，秋季甲藻占优势。藻类通过光合作用吸收水中的二氧化碳、氨氮等废物，并放出氧气。当其在水面的密度较大时，会因为自身的遮光作用而控制繁殖生长，从而达到相对平衡。故而人工调控光照可促进水体藻类自我平衡，这样既不影响氧气的生产量，也不会使水体造成富营养化，这是在调节高等水生植物时必须兼顾的问题。

但在高密度养殖过程中，常产生水体富营养化，藻类繁殖过剩，造成水质恶化。养殖者往往通过更换新水或施用药物进行控制，这是极其不合理的，也是得不偿失的。这一问题的症结不在藻类本身，只要提前对水下有机质进行较彻底的降解，使其被高等植物吸收，就可解决这一问题。

另外，还可根据各种藻类所需营养盐的不同进行调控。如蓝藻、绿藻需磷量高于硅藻和金藻，高温期就可通过控制磷的施用或降低水中磷的活性，从而控制蓝藻、绿藻的繁殖。硅藻、蓝藻对钙的需求量也很高，据此可对其进行调控。

②浮游动物。养殖水体中的原生动物、轮虫类、枝角类和桡足类是泥鳅的天然饵料。在食物链中，浮游动物位于浮游植物的上层，两者数量的平衡关系是1：10，也就是说，浮游植物量需10倍于浮游动物，否则位于上层的泥鳅就不能获得足够的天然动物

饵料。

浮游生物对水体的"着色"效应往往能帮助养殖者判断水质情况。如果水体呈黄绿色，则可认定水中铁、镁、钙的盐类丰富；如果水体呈褐色，则可认定水中腐殖质多且降解利用不够；如果水体呈褐色且酸性较强，则可认定水中腐殖性淤泥过厚，硫化菌繁殖过剩；如果水体呈明显绿、蓝色，则可认定绿藻、蓝藻有过；如果水色清淡，且透明度高，则说明水体微生态不平衡或太欠；如果水色淡绿且透明度适中，则说明水体微生态平衡。

4. 溶解氧平衡

养殖水体中氧主要来源于两个方面：一是水生植物，特别是浮游植物的光合作用产氧；二是空气溶解。空气中的氧和二氧化碳在水中的溶解量、溶入速率与大气压有关，气压高，溶解量大，速度快。此外，气体溶解量和溶解速率还与水体温度、含盐量、水面波动幅度等有一定的关系。含盐量高，水温上升，溶氧量则下降；水面波动越大、越剧烈，溶氧量则越多。另外，如果水生植物光合作用产氧旺盛，水体中溶解氧甚至达到饱和，则空气中的氧会无法溶解。

5.pH 调控

从理论上讲，常温下，pH<7 为酸性，pH＝7 为中性，pH>7 为碱性。在水产品生产的过程中，水的酸碱度及其强弱标准按下列范围区分：

pH<5 为强酸性；pH 5~6.5 为弱酸性；pH 6.5~7.5 为中性；pH 7.5~10 为弱碱性；pH>10 为强碱性。

天然水都具有保持自身 pH 相对稳定的特性，这种特性称为天然水的缓冲性。保持 pH 稳定的物质称为缓冲剂，这类物质的稳定

作用称为缓冲作用。在淡水水体中，存在着以下四类缓冲体系：碳酸的电离平衡系统、碳酸钙的溶解平衡、离子交换平衡系统、有机物的电离平衡系统。这几大缓冲体系保持着水体 pH 的相对稳定性。

当用 pH 试纸测试出养殖水体的 pH 接近 6.5 时，则说明池底已产生大量的酸性腐生菌，此时正确的做法是将底层水先排放掉，再按 20 克 / 米³ 的浓度投入强力毒菌水解剂，待 30 分钟之后添加新水。此时水体 pH 应恢复正常，泥鳅不再蹿跳和"转边"。以后，每一周期的最后一天就可根据前一周期的具体情况调整施药处理。每一周期的天数多少并非一定，要根据天气而定。一般夏季为 1 周，春、秋季为 2~3 周，早春和冬季为 4~5 周。pH 下降时特别要注意监控硫化氢的含量。当测试出养殖水体的 pH 接近 7.6 时，要观察其走向，即 pH 是继续上升，还是即将下降。如果 pH 在缓慢下降，且池内一切正常，则无须调整；如果 pH 在上升，不论上升的速度怎样均应采取调控措施。此时，可用测试剂测一下亚硝酸盐的含量，如在 0.1 毫克 / 升以下时，可进行预防性调控，施入相应的微生态制剂，使水体浓度为 10 毫克 / 升，当亚硝酸盐含量在 0.1 毫克 / 升以上时，必须引起高度重视，如果其含量达到 0.3 毫克 / 升以上，则将引起大批泥鳅死亡。特别是在大棚恒温养殖池内，后果更为严重，此时可闻到刺鼻的氨味。一般情况下，只要亚硝酸盐含量达到 0.12 毫克 / 升就必须考虑进行处理了。此时，首先观察浮游植物对氨氮的吸收利用情况，如果此时处于浮游植物利用的高峰期，且浮游植物的量（以水色而定）又还欠缺，或正处发展期，则可采取限制性处理方法，将底层水换掉，即从底层排水换掉1/3 老水，以减少氨化细菌的作用，并使氨氮含量维持在 0.1 毫克 / 升。如果此时浮游植物已达饱和状态，不但要立即更换部分新水，而且还要加大微生态制剂的投放量，以迅速将氨化细菌杀灭，并将腐败物逐渐降解。在 pH 偏高的状态下，不可施用碱性的强力毒菌水解剂，也不要轻易施用碱性的过氧化钙，更不要大量泼洒生石灰溶液，否则，即使达到了杀菌效果，但被打破的水生态平衡却很难恢复了。

通常养殖者对水体酸碱度的调节具有随意性和盲目性，这便是人们常说的"水治好了，鱼治死了"的原因所在。辨证施治是解决这一问题的有效办法。

（二）泥鳅养殖日常管理措施

无论采用哪一种饲养方法饲养泥鳅，都离不开日常管理工作。

1. 投饵施肥

（1）饵料和肥料的种类

泥鳅是杂食性鱼类，饲料和肥料来源广。动物性饲料有蚕蛹、蚯蚓、螺蛳、河蚌、小鱼及动物内脏等，还有水生的天然饵料，如水蚤、丝蚯蚓、小昆虫等；植物性饲料有米糠、麦麸、豆渣、豆饼以及其他农产品加工废弃物。小规模养鳅，可在附近的大水面比如湖泊、水库、河沟捞取。若是较大规模养殖泥鳅，可自己利用田边地角培育活饵料。

（2）施肥投饵的目的

与饲养其他鱼类一样，施肥的主要目的也是为了培养水中的浮游生物，以作泥鳅的天然饵料。肥料主要有人畜粪便（有机肥料）或化肥（无机肥料）。投饵主要是人工制作的配合料。另外，据养殖者反映，蚕蛹是泥鳅最理想的食物，用蚕蛹养出的泥鳅，个体肥短、肉厚、含脂量高、骨骼较软、食用价值高。可购蚕蛹，再辅以其他饵料，具体要根据泥鳅的需要配以其他适宜饵料。在渔—畜—

农综合经营措施中结合来养泥鳅，可多渠道自给自足地解决饵料和肥料问题。

（3）施肥投饵的方法

投饵是将饵料与腐殖土混合成黏性团状进行投喂，饵料投在固定的食场。要注意不同生长阶段和不同水温时，泥鳅对饵料的不同要求，以调整饵料的种类及投喂量。水温在20℃以下时，植物性饵料占60%~70%，动物性饵料占30%~40%；水温20℃以上时，逐渐调整为以动物性饵料为主。具体是：水温在20~23℃，动物性和植物性饵料各占50%；水温24~28℃时，动物性饵料调到60%~70%，植物性饵料降到30%~40%；水温在29~30℃时动物性饵料又降到50%或更低。投饵量也要随着水温的变化而调整，一般每天投饵量为：3月，投饵量为泥鳅总重的1%~2%；4—6月，投饵量为泥鳅总重的3%~5%；7—8月，投饵量可增加至泥鳅总重的10%~15%；到9月，投饵量则逐渐下降至泥鳅总重的4%。当水温高于30℃或低于10℃时要减少投饵量或不再投饵。水温适宜时每天分早、中、晚投喂3次，让泥鳅"少吃多餐"，水温较低时每天只分上、下午投喂2次。

施肥要根据水体中的饵料生物的多少情况来决定，饵料生物少时，在池水边角处施堆肥。操作方法参照堆肥培育法。

2.防逃、防缺氧

遇梅雨季节或暴风雨，要做好防汛防洪工作。要检查防逃设施是否安全，进出水口的栅栏是否通畅。防止泥鳅在溢水时逃跑或从漏洞逃跑。夏季高温阴雨天要注意防止泥鳅浮头，特别是静水养殖，要不时加注新水，若发现泥鳅浮头，应及时加注新水或采取增氧措施。

3. 水质管理

静水饲养泥鳅，水质要清新。水质以黄绿色为好，透明度20~25厘米；当水色开始变成茶褐色或黑褐色时，必需换水，以免夜间溶氧不足。流水养泥鳅时，以微流水为主，流速、流量均不宜过大，水流过大过急，不仅使饵、肥流失，最不利的是使泥鳅体能消耗过大，增重较慢。

4. 消毒防病

养殖用的水体在放养泥鳅苗种以前，要严格用生石灰清塘消毒。在日常养殖管理中，要将食台上的残饵及池中的死亡个体捞出，以防水质恶化和疾病传染。在发病季节，应定期用生石灰按每平方米30~50克的量，化水泼洒。

5. 防止敌害

在饲养地四周清除害兽易潜伏之地，并撒上杀鼠剂或安放捕鼠器具，要有驱赶鸟兽的设备，同时防止野杂鱼，特别是肉食性鱼类进入池内。

6. 泥鳅的越冬管理

泥鳅对水温的变化相当敏感，除我国南方终年水温不低于15℃地区，可常年饲养泥鳅不必考虑低温越冬措施以外，其他地区一年中泥鳅的饲养期7~8个月，有2~5个月的低温越冬期。越冬需做好以下工作：

①挑选体质健壮、无疾病的泥鳅作为留种亲鳅，越冬时成活率高。

②越冬池先要用生石灰消毒，后撒入适量农家肥料，铺上

20~30 厘米的软泥，泥以上有 10~20 厘米净水深。在结冰地区，冰下水深需加深至 20~30 厘米。水温要保持在 2℃以上。

③稻田泥鳅越冬。将泥鳅集中于鱼溜中，并在鱼溜里铺设和加盖稻草，让泥鳅钻进鱼溜底部淤泥和稻草中避寒。

④越冬池放养的泥鳅密度高于饲养密度的 2~3 倍。

⑤采用人工设置越冬箱的方法，效果很好。越冬箱为木质材料，其规格为 100 厘米×30 厘米×20 厘米，每只箱放 6~7 千克泥鳅。

⑥装箱方法是：箱底铺上 3 厘米左右厚度的细土，再装 2 千克泥鳅，后又装好 3 厘米厚的细土，再装 2 千克泥鳅。如此三层，最后装满细土。细土在用前拌好适量的农家肥料。钉好箱盖，并在箱盖上打若干个洞，在背风向阳的水面沉入水底即可。

⑦越冬的泥鳅，除了要有好体质外，还需要一个良好的环境条件。因此，对越冬场所要进行修整，清除污染杂质，特别对食场更要进行重点清理，以防残渣分解，消耗氧气，放出有害气体。越冬的场地要预先进行消毒，或经暴晒，并做好注排水口的加固工作，以免泥鳅逃跑。在气候暖和的地方，越冬池可在食场的基础上加深 30 厘米以上。

⑧越冬池应保持较高的水位，一般在 2 米左右。在越冬期间，要经常测定池底泥土温度，如果泥土温度接近 5℃，就要引进温度较高的地下水或采取其他有效措施，使水温升高，保持池水温度在 5~6℃以上。

九、捕捉与运输

（一）泥鳅的捕捉

泥鳅的捕捉一般在秋末冬初进行。但是为了提高经济效益，可根据市场价格、池中密度和生产特点等因素综合考虑，灵活掌握泥鳅捕捞上市时间。作为繁殖用的亲鳅则应在人工繁殖季节前捕捉，一般体重达到 10 克即可上市。鳅苗养至 10 克左右的成鳅一般需要 15 个月左右，鳅苗饲养至 20 克左右的成鳅一般需要 45 个月。如果饲养条件适宜，还可缩短饲养时间。

池塘因面积大、水深，相对稻田捕捞难度大。但池塘捕捞不受农作物的限制，可根据需要随时捕捞上市，比稻田方便。池塘泥鳅捕捞主要有以下几种方法。

1. 笼捕泥鳅

笼捕泥鳅是根据泥鳅的生活习性，将笼设置在养殖泥鳅的池塘、稻田、浅水沟等水体中，在笼内放上泥鳅喜食的饵料，诱惑泥鳅进入笼内而被捕获。捕泥鳅较为有效的方法是用须笼或泥鳅笼捕。须笼是一种专门用来捕捞泥鳅的工具，它与泥鳅笼很相似，是用竹篾编成的，长 30 厘米左右，直径约 10 厘米。一端为锥形的漏斗部，占全长的 1/3，漏斗部的口径 2~3 厘米。须笼的里面用聚乙烯布做成同样形状的袋子，袋口穿有带子。鳅笼里边则无聚乙烯布。在泥鳅入冬休眠以外的季节均可笼捕，但以水温在 18~30℃时捕捞效果较好。捕泥鳅时，先在须笼、鳅笼中放上可口香味的鱼粉团或炒米粉糠、麦麸等做成的饵料团，或者是煮熟的鱼、肉骨头等，将笼放入池底，待 1 小时后左右，拉上笼收获一次。拉须笼时要先收紧袋口，以免泥鳅逃跑，后解开袋子的尾部，倒泥鳅于容器中。如果在作业前停止投喂一天，且在晚上捕捞，效果更好。这种捕捞方法，一亩池塘放 10~20 只须笼或泥鳅笼，连捕几个晚上，起捕率 60%~80%。另外，也可利用泥鳅的溯水习性，用须笼、泥鳅笼冲水捕捞泥鳅。捕捞时，笼内无须放诱饵，将笼敷设在进水口处，笼口顺水流方向，泥鳅溯水时就会游入笼内而被捕获。一般 0.5~1 小时收获一次，取出泥鳅，重新布笼。

2. 食饵诱捕泥鳅

找一用大口容器（如罐、坛、脸盆均可），用塑料布把容器口蒙上扎紧，然后在容器口正中的塑料布上开一小口，装炒香的米糠、蚕蛹粉与腐殖土混合做成的面团，傍晚时沉入池底即可。一般选择在阴天或下雨前的傍晚进行诱捕，泥鳅闻到诱饵的香味，循香味进入容器中，根据泥鳅喜欢沿着容器边缘游动的习惯，从塑料布口进去容易，出来就难的特点，这样经过一夜时间，容器内会钻入大量泥鳅，有时还伴随着其他小鱼类一并捕获。诱捕受水温影响较大，一般水温在 25~27℃时泥鳅摄食旺盛，诱捕效果最好；当水温低于 15℃或高于 30℃时，泥鳅的活动减弱，摄食减少，诱捕效果较差。

3. 敷网捕泥鳅

敷网捕泥鳅是将网布设在养殖水域中，并预先在网内放入诱饵，也可直接采用冲水或使用驱赶等方法，使泥鳅进入网中，然后突然迅速向上方提起网具而将泥鳅捕获。敷网捕泥鳅有两种方法。

（1）罾捕泥鳅

罾捕泥鳅一般在水温 18~30℃，泥鳅活动、摄食良好的季节里进行。罾的网片方形，面积 1~4 米^2，用聚乙烯网片做成，网目 1~1.5 厘米；捕捞泥鳅苗，则用聚乙烯网布。四角用弯曲的两根竹竿十字撑开，交叉处用绳子和竹竿固定，用来作业时提起网具。罾

捕养殖泥鳅有两种作业方式。一种是笪诱，预先在笪网中放上诱饵，如鱼、肉骨头、田螺肉或炒香的米糠、麦麸等，将笪放入养殖水域中，一般每亩放 8~10 只左右。放笪后每隔 0.5~1 小时迅速提起笪一次收获泥鳅，捕捞效果较好。另一种方法是冲水笪捕，在靠近进水口的地方布设好笪，笪的大小可依据进水口的大小而定，一般为进水口宽度的 3~5 倍。然后从进水口放水，以微流水刺激，泥鳅就会逐渐聚集到进水口附近，待一定时间后，即将笪迅速提起而捕获泥鳅。

（2）敷网食场捕泥鳅

在泥鳅摄食旺盛季节可用敷网在食场处捕泥鳅，敷网大小一般为食场面积的 3~5 倍。作业时要先拆除食场水底处的木桩，然后布好敷网，在网片的中央即原食场处投饵，引诱泥鳅进网摄食，待绝大多数泥鳅入网后，突然提起网具而捕获泥鳅。这种捕捞方法简便，起捕率高。

4.张网捕泥鳅

（1）笼式小张网捕泥鳅

根据泥鳅的生活习性，将网具放在养殖泥鳅的水域中，并在网中放上诱饵，引诱泥鳅进入装有倒须（或漏斗状网片装置）的网内，使其难以逃脱而捕获。笼式小张网一般呈长方形，用聚乙烯网布做成，四边用铁丝等固定成形，高 0.3~0.5 米，长 1~2 米，宽 0.4~0.5 米，两端呈漏斗形，口用竹圈或铁丝固定成扁圆形，口径约 10 厘米。作业时，在笼式小张网内放蚌肉、螺肉及煮熟的米糠、麦麸等做成的硬粉团，将网具放入池中，一般每亩池塘放 4~8 只网，过 1~2 小时收获一次，连续作业几天，起捕率 60%~80%。捕前如能停止投喂一天，并在晚上诱捕作业，则效果更好。笼式小张网也可冲水捕捞。将网具放在进水口处，进水时水流冲击，在网具周围形成水流，泥鳅即溯水进入网内而被捕获。

（2）套张网捕泥鳅

在有闸门的池塘可用套张网捕捞养殖泥鳅，将方锥形的网具直接套置在闸门内，张捕随水而下的泥鳅。方锥形的套张网由网身和网囊两部分组成，多数用聚乙烯线编织而成，从网口到网囊网目由大变小，网囊网目大小在1厘米左右，网口大小随闸门大小而定，网长则为网口径的3~5倍。套张网作业应在泥鳅入冬休眠以前，而以泥鳅摄食旺盛时最好。作业时，将套张网固定在闸孔的凹槽处，开闸放水。若池水能一次性排干，则起捕率较高；若池水排不干，则起捕率低，可以再注入水淹没池底，然后停止进水，再开闸放水，每次放水后提起网囊取出泥鳅，反复几次，则起捕率50%~80%。如是在夜间作业，捕捞效果更好。

5. 拉网捕捞泥鳅

春末到中秋泥鳅摄食旺盛，可用捕捞家鱼鱼苗、鱼种的拉网，或专门编织的拉网扦捕捞养殖泥鳅。用长带形的网具包围池塘或一部分水域，拔收两端曳纲和网具，逐步缩小包围圈，迫使泥鳅进入网内而被捕获。作业前。先清除水中的障碍物，如食场木桩等，然后将鱼粉或炒米糠、麦麸等香味浓的饵料做成团状的硬性饵料，放入食场处作为诱饵，等泥鳅进食场摄食时下网快速扦捕，起捕率更高。

6. 鳅袋捕泥鳅

用麻袋、聚乙烯袋，内放破网片、树叶、水草等，并放上诱饵，定时提起袋子捕获泥鳅。此法多用在稻田内。选择晴朗天气，先将稻田中鱼溜、水沟中的水慢慢放完，等傍晚时再将水缓缓注回鱼溜、水沟，同时将捕鳅袋放入鱼溜中。在袋内放些树叶、水草等，使其鼓起，并放入饵料。饵料由炒熟的米糠、麦麸、蚕蛹粉、

鱼粉等与等量的泥土或腐殖土混合后做成粉团并晾干，也可用聚乙烯网布包裹饵料。作业时，把饵料包或面团放入袋内，泥鳅到袋内觅食，就能捕捉到。这种方法在4—5月作业，以白天为好；而8月后、入冬前捕，应在夜晚放袋，翌日清晨太阳尚未升起之前取出，效果较佳。

7. 茶饼聚捕泥鳅

选用存放时间2年内的茶饼焚烧几分钟，当茶饼微燃时取出，趁热捣成粉末，加适量清水制成团块，泡5小时左右。将池塘水位调整至刚好淹没泥时为止，再于池塘四角用底泥堆成斜坡并逐渐高于水面的聚鱼泥堆，面积0.5~1米^2，面积较大的池塘，中央也要设泥堆。将泡制好的茶饼兑水后在傍晚全池均匀泼洒，聚鱼泥堆上不洒，其后不能排水和注水，也不要在水中走动。在茶饼的作用下，泥鳅钻出底泥，遇到高出水面的泥堆便钻进去。第二天早晨将泥堆中的泥鳅捕出，效果较好，成本低，一般每亩用茶饼5~6千克，在水温10~25℃时起捕率可达90%以上。此外，如遇急需，且水温较高时，可采用香饵诱捕的方法，即把预先炒制好的香饵撒在池中捕捞处，待30分钟左右后用网捕捞。

8. 干塘捕捉泥鳅

干塘捕捉泥鳅，一般在泥鳅吃食量较小，且未钻泥过冬的秋天进行，或者是用上述几种方法捕捞养殖泥鳅还有剩余时，则只好干塘捕捉泥鳅。干塘捕捉若有少量泥鳅残留，则可找到泥鳅钻泥所留的洞，翻泥掘土将泥鳅捕获。泥鳅钻入淤泥中的洞圆形或椭圆形，洞径视泥鳅大小而定，一般成鳅洞径1~2厘米，洞深随泥鳅的大小、淤泥的厚度、水温等变化。一般夏天洞深20~30厘米，冬天30~50厘米。掘洞时手指并拢，双手各距洞左右20~30厘米，相对垂直插入到适当的深度或碰到硬的底泥时，双手手指向内弯曲，各前进一掌距离，然后两手用力向上翻开所掘泥土，泥鳅即在该块裂开的泥土中而被抓获。有些稻田中的泥土已硬，可直接寻洞用锄头、铲子等翻土挖泥鳅。

9.钓捕法

在乱石林立、无法用其他渔具捕捞的深水河道、坑塘等天然水域中，可以用钓钩钓泥鳅。钓鳅时，使用普通鱼竿和小号钓钩，用蚯蚓作诱饵。蚯蚓段不要太大，只要包住钩尖就行了。把钓钩沉倒水底。泥鳅吃食时有试探，用口须辨别食物的习性，所以漂子会出现四种假信号：一是漂子轻微地沉浮，这是泥鳅用口须在搜索诱饵。二是漂子斜向移动后就不动了，这是钩尖前端的部分饵已经被咬去了，鳅唇触到钩尖而警觉的缘故。三是漂子突然上升后迅速回落，这是泥鳅游动中扭曲的尾部带住鱼线造成的。四是漂子左右晃动得厉害却不见下沉，这是泥鳅马蹄形的嘴在吃饵时不能一下子叼住鱼钩时的反映。若出现这四种情况，要耐心等待正确信号的出现。正确的漂子信号是：漂子上下沉浮3~4次后，紧接着下沉不再上浮，此时立即提竿，往往就有收获。泥鳅体滑，摘钩不易，可用中指勾住鳅体中段，食指和无名指配合将泥鳅夹住再摘钩。

（二）泥鳅的冬季囤养

我国除南方地区终年水温不低于15℃外，一般地区一年中泥鳅的饲养期为7~10个月，其余时间为越冬期。当水温降至10℃左右时，泥鳅就会进入冬眠期。随着水温的下降，泥鳅的摄食量开始下降，这时投饲量应逐渐减少。当水温降至15℃时，只需日投喂泥鳅体重的1%的饲料。当水温降至13℃以下时，则可停止投饲。

当水温继续下降至 5℃时，泥鳅就潜入淤泥深处越冬。泥鳅越冬除了要有足够的营养和能量及良好的体质外，还要有良好的越冬环境。在我国大部分地区，冬季泥鳅一般钻入泥土中 15 厘米深处越冬。由于其体表可分泌黏液，使体表及周围保持湿润，即使 1 个月不下雨也不会死亡。

1. 选好越冬场所

要选择背风向阳、保水性能好、池底淤泥厚的池塘作为越冬池。为便于越冬，越冬池蓄水要比一般池塘深，要保证越冬池有充足良好的水源条件。越冬前要对越冬池、食场等进行清整消毒处理，防止有毒有害物质危害泥鳅越冬。

2. 选好鳅种

选择规格大、体质健壮、无病无伤的鳅种作为来年繁殖用的亲本。这样的泥鳅抗寒、抗病能力较强，有利于提高越冬成活率。越冬池泥鳅的放养密度一般可比常规饲养期高 2~3 倍。

3. 科学饲喂

泥鳅在越冬前和许多需要越冬的水生动物一样，必须积蓄营养和能量准备越冬，因此应加强越冬前饲养管理，多投喂一些营养丰富的饲料，让泥鳅吃饱吃好，以利越冬。泥鳅越冬育肥的饲料配比应为动物性和植物性饲料各占 50%。

4. 适当施肥

越冬池消毒清理后，泥鳅入池前，先施用适量有机肥料，可用猪、牛、家禽等粪便撒铺于池底，增加淤泥层的厚度，发酵增温，为泥鳅越冬提供较为理想的"温床"，以利于保温越冬。

5. 采取防寒措施

加强越冬期间的注、排水管理。越冬期间的水温应保持在2~10℃。池水水位应比平时略高，一般水深应控制在1.5~2米。加注新水时应尽可能用地下水，或在池塘或水田中开挖深度在30厘米以上的坑、溜，使底层温度有一定的保障。若在坑、溜上加盖稻草，保温效果更好。如果是农家庭院用小坑凼使泥鳅自然越冬，可将越冬泥鳅适当集中，上面加铺畜禽粪便保温，效果更好。

此外，还可采用越冬箱进行越冬。其方法是：制作木质越冬箱，规格为（90~100）厘米 ×（25~35）厘米 ×（20~25）厘米，箱内装细软泥土18~20厘米，每箱可放养6~8千克泥鳅。土和泥鳅要分层装箱。装箱时，要先放3~4厘米厚的细土，再放2千克左右泥鳅，如此装3~5层，最后装满细软泥土，钉好箱盖。箱盖上要事先打6~8个小孔，以便通气。箱盖钉牢后，选择背风向阳的越冬池，将越冬箱沉入1米以下的水中，以利于泥鳅安全越冬。

（三）泥鳅的运输

泥鳅的皮肤和肠均有呼吸功能，因而泥鳅的运输比较方便。按泥鳅规格分有泥鳅幼苗运输、鳅种运输、成鳅运输；按运输距离分有近程运输、中程运输、远程运输；按运输工具分有鱼篓鱼袋运输、箱运输等；按运输方式分有干法运输、带水运输、降温运输等。泥鳅的苗种运输相对要求较高，一般选用鱼篓和尼龙袋装水运输较好；成鳅对运输的要求低些，除远程运输需要用尼龙袋装运外，均可因地制宜地选用其他方式方法。不论采用哪一种方法，泥鳅运输前均需暂养1~3天后才能起运。运输途中要注意泥鳅和水温的变化，及时捞除病伤死鳅，去除黏液，调节水温，防止阳光直射

和风雨吹淋引起水温变化。在运输途中，尤其是到达目的地时，应尽可能使运输泥鳅的水温与准备放养的环境水温相近，两者最大温差不能超过5℃，否则会造成泥鳅死亡。

1. 不同规格的泥鳅运输方法

（1）泥鳅幼苗的运输

泥鳅经过孵化后刚出苗时，体长3~3.5毫米，水温在22~25℃时经过约40小时的生长发育，即可做短期上下垂直运动，有少量做平游运动，此时即可进行运输。操作时要特别谨慎，动作要既轻又快。使用家鱼苗运输尼龙袋包装，每袋可装8万~10万尾，加水4千克，充氧装箱后汽运或者空运，在温度22℃以内运输时间20小时内，成活率98%，气温25℃时运输时间15小时以内，成活率为96%以上。

（2）泥鳅苗种的运输

体长5~7厘米以上规格的泥鳅苗种在运输时可使用泡沫箱进行。使用65厘米×65厘米×30厘米的泡沫箱包装时，每箱装泥鳅苗种10千克、水15千克、冰块1.5千克。泥鳅在装箱前用井水反复冲洗，以利于降温和减少箱内污染，装箱后加盖，用宽胶带把箱口封死，箱盖四角附近留直径为1.5厘米小圆孔供泥鳅呼吸即可。装车时可加高3~5层，每层之间用木条做垫板隔开，使空气流通，不至于让泥鳅缺氧，最后用绳子捆紧即可起运。此方法方便易行，在气温35℃的高温季节运输15小时成活率达到96%以上。

（3）成鳅的运输

操作技术和大规格泥鳅苗种的运输相同。使用泥鳅中转箱装运，中转箱外部尺寸为48厘米×32厘米×30厘米，上部3厘米处留有多处通气孔，利于空气流动及溢水。箱内装水5千克、泥鳅15千克，温度15℃以上要加冰1.5千克进行降温。在冬季和早春这段时间温度较低，便于操作，可适当增加运输量。运输时可以加高 5~6 层，箱与箱之间不留缝隙摆放，最上面用空箱摆放进行加盖，最后在货箱外面用帆布裹好用绳子绑紧即可起运。

2. 不同运输工具和方式

（1）泥鳅的充氧运输

充氧运输是一种较传统的鱼苗运输方法，安全可靠，装卸方便。该方法是以专用尼龙袋或塑料袋盛水装苗，然后充足氧气，扎牢袋口后进行装运。可一人一次性随车船携带 1~2 袋。如果批量运输，可以专车装运，一般 3 米 × 2 米的车厢可平装 60 袋左右。

常用尼龙袋规格为 70 厘米 × 40 厘米，双层，有方底和圆底两种。装袋时，先装水，装水量一般为袋总容量的 1/2 以下，以便能溶解足够的氧气，同时也可减轻车的载重量。但装水也不可太少，以防车辆颠簸时强烈摩擦、碰撞致伤。泥鳅装袋之后，即可充入氧气。其方法是：用手将袋中上部空气压挤出去，要尽可能将空气挤尽，再将氧气瓶上的输出管插入尼龙袋内，并直达水中，扎紧袋口后开启氧气瓶阀门，缓缓充氧至尼龙袋上部刚好膨胀起来即迅速抽掉输氧管，然后将袋口或袋上自带管口折转扎紧，便可装运。

根据各方面综合条件和气温、水温以及泥鳅规格，确定装袋密度，如果气温保持在 22~24℃，可按表 9 所示密度进行装袋。

表 9　泥鳅充氧运输的装袋密度

路途时间 / 小时	3~5 厘米鳅 / （尾·袋 $^{-1}$）	5~8 厘米鳅苗 / （尾·袋 $^{-1}$）	12~18 厘米亲鳅 / （千克·袋 $^{-1}$）	商品成鳅 / （千克·袋 $^{-1}$）
5~12	3 000	2 000	8~10	10~12
12~24	2 000	1 000	5~8	8~10
24~36	1 000	800	3~5	5~8
36~48	800	500	3	3~5

充氧装袋运输要注意气温变化，如果途中因故阻隔或气温陡升，则必须以凉水浸泡氧袋，使袋内温度不要超过限定温度。另外，如果时间过长或氧袋漏气，则必须重新充氧气，以确保全程安全。

（2）桶装运输

桶装运输主要是针对商品泥鳅的大批量运输。由于泥鳅可直接吞吸空气进行肠呼吸，只要装运容器充满足够的新鲜空气即可进行长途运输。该类容器一般为木桶或塑料桶，以高约60厘米、直径约为40厘米的圆塑料桶装运为佳。该桶质轻、厚实，不易破损，装运量也须依气温高低而定。一般春、夏季较秋、冬季装运量多。气温为16℃以下时，每个桶内可装水2/5，装成鳅20千克以上；气温18~20℃时，每个桶内可装水2/5，装成鳅15~20千克；气温为20~22℃时，可装水1/2，装成鳅12~15千克；气温为22~24℃时，可装水3/5，装成鳅10~12千克；气温为24~26℃时，装水3/5，装成鳅8~10千克；气温为26~30℃时，装水3/5，装成鳅6~8千克；气温30~33℃时，装水3/5，装成鳅5千克；气温超过33℃时，装水1/2，装较大冰块5千克，装成鳅8千克，并加钻有气孔的旋盖。

注意更换新水和微生物净水剂及过氧化钙，更换新水时，要保留1/2老水，桶内空间不得低于2/5。放冰装运时，必须在装桶前即开始加冰锻炼，使泥鳅渐渐适应。

（3）铁箱运输

铁箱一般以厚度为0.75毫米的镀锌铁板制成，为装卸方便起见，可制作成长100厘米、宽60厘米、高50厘米的长方形铁箱。其上有钻满通气孔的扣沿盖，盖中央开有一加盖的注水口，距箱底40厘米处钻有一圈溢水孔，以防换水时水深过限。该箱较为宽敞，只要水温能控制在26℃以下，每箱装运30千克的成鳅是安全的。

（4）带冰运输

带冰运输是一次性运输大量商品鳅较为安全的运输方法。

①大铁箱的制作。以厚度为 1.2~1.5 毫米的镀锌铁板制作一长120 厘米、宽 100 厘米、高 100 厘米的铁箱，靠底部安装一可排放水的小龙头，以便随时放水，并配有一扣沿的箱盖，盖顶边沿钻一些通气小孔，以便向箱内通气。

②小套箱的制作。箱内设计有 4 层套箱，大小以刚好装入大铁箱，且取放方便为度。每个小套箱高为 25 厘米，所有箱底、箱帮都钻一些可以漏水通气的孔，孔的大小以不使泥鳅钻过为度。下面三层用于装泥鳅，上面一层用于装塑料泡沫箱。

③盛冰箱的制作。将厚度为 3 厘米的塑料泡沫板焊接成一长115 厘米、宽 95 厘米、高 25 厘米的可全封闭的泡沫箱，箱底钻有若干小孔。

④装运。将商品鳅装入小套箱，但不可装满，装至 20 厘米的高度即可依次将其放入大铁箱之内，然后放入上层小套箱，并将盛冰箱套入正中，以免挡住大铁箱箱盖上的通气孔。同时在盛冰箱内装满冰块，冰块越完整越好，然后盖严泡沫箱盖，最后再盖上大铁箱盖并扣死，即可起运。

⑤注意事项。带冰运输基本上是无水运输，仅靠冰块缓慢融化后滴水进入下面套箱以湿润泥鳅，故而必须注意保温，不得使冰块融化太快。途中万一冰块融化完，也不要轻易敞开箱盖，以防箱内升温，而应及时购冰装入（一般距离不会发生）。箱底的水位不可超过 20 厘米（可安装一玻璃观察窗口），以免底层泥鳅窒息而死，同时应注意适当排放积水。

（5）散装运输

散装运输具有简捷方便、批量较大的特点。冬季，只要运载水体不冰冻就可连续坚持 2~3 天或更长时间的运输路程。其装运要点

如下：

①装运车、船的车厢、船舱必须清洗、消毒，或者铺设油布、塑料薄膜，且确保箱内、舱内不漏水。

②装载比例以鳅、水各半，装载量以水不荡出为宜。

③初装时的水必须是生态水，切忌用纯自来水。多次对比试验证明：用纯自来水载运，其成活率为83%左右，且后期病、死亡率极高；而生态水载运，其成活率为96%以上，后期病死率很低，最低者仅为3%左右。

④为减轻水体晃动，降低泥鳅之间或泥鳅与容器的碰撞，必须在水中投放一些水草。水草不可采用易断裂、落叶及易腐烂、下沉的高蛋白植物，应尽可能采用纤维质高、悬浮性好、不易碎裂的水生植物和半水生植物，如节节草等。水草投入前必须清洗干净，投入量不可太多，以车船行驶时水不太动荡为宜。

3. 泥鳅装运及运输途中的管理要点

（1）装运密度

泥鳅装运密度是大还是小，首先要考虑的是天气。气温高则密度小，反之则大；气压高则密度大，反之则小；空气湿度大、气温低则密度大，反之则密度小。空气湿度大、气温高，则不适宜高密度长途运输。密度问题影响到泥鳅的代谢循环。如果装运容器内的条件可保证其代谢循环平衡，则安然无恙；反之代谢受到抑制，平衡失调，则必然致病。保证泥鳅代谢平衡的关键是四个字：光、温、气、湿。

①光照：不论是长途运输，还是短途运输，特别是阳光较强的天气，绝对不可让包装容器直接受阳光照射，必要时还要以树叶之类挡住阳光。这是控制容器内温度的重要一环。

②温度：容器内温度高，则泥鳅代谢加剧，溶解氧的消耗就

164

大，由泥鳅体表落入水中的废黏液越多，最后水体则因废黏液沉积发酵而使水质恶化。水体极度缺氧和升温便可很快导致泥鳅死亡，故而相对恒温的贮运条件很重要。贮运密度的高低要以保持水体恒温为前提。

③气、湿：有些运输者主要采用加盖木桶或加盖铁箱作为运输容器，但由于加盖较严而导致水体中气体交换受阻，大量的水气夹杂着钻出水面的废毒气被盖子封闭在水面以上，一方面迫使水面上的废毒气向水体重复渗透而加速了水质的恶化，另一方面使得泥鳅唯一的生存空间——水面高氧空气遭到高温毒化，故运输容器必须注意留足通气孔，并配备一定的调节装置。

（2）装运容器内的条件

泥鳅贮运的载体是水，水的生态条件是确保泥鳅安全运输的关键环节。首先要考虑的是如何保证水体具有相对稳定的缓冲力度，至少要保证一定时间内的节律性缓冲力度。首要的就是水温的自我调控。由于水中厌氧菌增加会导致水温升高，进而破坏水体生态，故控制厌氧菌的繁殖无疑是控制的要点，通过在水中加入少量的过氧化钙的方法可以解决此问题。在天气十分炎热的季节，可利用冰块保持贮运水体低温。在运输途中，必须监测水中溶解氧、氨、硫化氢、亚硝酸盐等的含量及水温，并及时进行相应处理。在换水时，尽可能提前准备，以防前方路段缺水。尽可能不使用深井井水，以免温差过大而导致泥鳅生病。河水、塘水的温度具有明显的垂直分布差别，可根据实际水温要求定位取水。

途中换水注意如下原则：pH过高或过低的水不可用；温度过高或过低的水不得骤然更换；有机质含量太高的水不可用；混入工厂污物、污水的水不可用；刚打过农药或正在打农药地段的水不可用。在确定水源之后，即可排放老水，为了新、老水之间有一平衡过渡的缓冲过程，也可直接向老水中加入新水，直至混合的新老水

呈现最佳的水质状态。

（3）适时施药

路途中切不可随意向水体施药，以免造成药物浪费和不良药物反应。

①过氧化钙：刚换新水不久则不要施，若距下一站水源较远，超过应换水的时间时，可加入过氧化钙进行增氧。最好是先测水质后施用。

②硫酸铜：若泥鳅有发热反应，如翻肚，相互钻挤，一时又无水源可换水时，则可施入微量硫酸铜溶液。

③冰片、鲜姜片等：当泥鳅发生"晕车"时，即发现泥鳅横卧不动或上跳时，可立即施入少量冰片（25千克水加10克），严重时还可加入3~5片鲜姜片和2~3只朝天椒。

（4）遮光防晒

注意用通风性篷布遮光，必要时可在篷布顶上和向阳处覆盖鲜树枝、青草等，以减少篷内热量。

（5）其他

起运前应对运输流程、路程、路况、每天容器内水体缓冲能力限期之内所到达的地点及该地自然水况、天气状况等有初步了解，以利于应急处理。必要时可考虑将泥鳅以网箱密养于途中。运前必须做好充分的硬件准备。

十、主要病害及防治

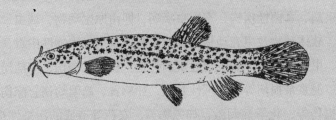

泥鳅生活在水中，在实际养殖生产过程中，泥鳅发病之初往往难以发现，一旦发病症状明显再进行治疗，不但操作比较麻烦，而且会给养殖生产带来一定的经济损失。所以，人工养殖泥鳅一定要贯彻"全面预防，积极治疗"的方针，采取"无病先防，有病早治，防重于治"的对策，在预防措施上，既要注意消灭病原，切断传染途径，又要在提高泥鳅抗病力上下功夫，即采取综合性预防措施，才能达到理想的效果。

（一）泥鳅发病的原因

泥鳅的疾病同其他鱼类一样，可分为生物性和非生物性两大类。其中，生物性疾病又分为：微生物疾病，包括病毒性疾病、细菌性疾病、真菌性疾病、寄生虫疾病，即由原生动物、蠕虫、环节动物、软体动物及甲壳动物侵害所引起的疾病；生物性中毒，如硫化氢、甲烷中毒等。非生物性疾病包括：机械性损伤，如捕捞或增氧机、泥浆泵损伤等；物理性刺激，如感冒、高温灼伤、冻伤和放射性损伤等；化学性刺激，如二噁英、农药等造成的污染性损伤，以及食物缺乏与代谢障碍。总体上具有如下特征：一是病程短，突发性强；二是潜伏期长，不易发现；三是继发性感染率高。在实际生产过程中，引起泥鳅发病的原因有以下几个方面：

1. 条件不适宜

泥鳅养殖起步较晚，人工养殖技术不是很完善，系统的技术资料也不容易找到，在养殖生产中有相当一部分养殖者对泥鳅的生态习性了解甚少，因此，在规划、设计和建池时没有考虑防治泥鳅疾病的特殊要求。如选址不当，取用水源水质不好，灌排系统不畅，或没有独立的进排水道，生产中容易造成一池发病多池感染。再如人工养殖条件下，不少单位和个人设计的水泥池、砖池水位太深或太浅。池水太深时，泥鳅上下活动频繁，体能消耗过大，体表黏液分泌失调，易感染发病，同时也不利于泥鳅呼吸、生长；池水深度太浅时，尤其是夏季易造成水表面温度长时间偏高，而导致泥鳅摄食量下降，甚至死亡，秋季易发生温差过大而扰乱了泥鳅的正常生理机能，降低免疫力，常导致泥鳅"感冒"或大批暴病死亡。

2. 消毒不彻底或未消毒引发泥鳅疾病

泥鳅养殖生产中的消毒应包括鳅种、水体、饵料消毒等。一是鳅种未经选择和消毒，无论是自繁的鳅种，还是从市场上购买来的鳅种均可能带有致病菌、寄生虫、病毒等，即使是健壮的鳅种也难免有一些病原体寄生，一旦条件适宜，便大量繁殖而引起发病，所以，放养前必须进行严格消毒。在市场上购买的鳅种常有因为外在原因造成体表有明显伤残或体质消瘦的，最好在买时就予以剔除。二是养殖水体的消毒，包括放养前的消毒和日常消毒。放养前水体消毒对于养殖新区、老区均不例外，尤其是养殖多年的泥鳅池（或水域），放养前没有进行消毒或消毒不彻底，是导致泥鳅发病的一个原因。随着现代集约化养殖水平的提高，在高密度养鳅池中，泥鳅的大量排泄物和死泥鳅尸体的分解，会导致产生危害泥鳅的微生物和一些病害的中间宿主的繁衍，如平时不经常对水体消毒，则会造成自身污染的必然结果。三是投喂新鲜的动物性饵料（如螺、蚌肉、小鱼、蜘蛛等）时，往往是未经消毒处理而直接投喂，这增加了有害生物对泥鳅的危害机会。食场或投喂点内常有残余饵料，如不及时清除，其变质腐败后为病原体的繁殖提供了有利条件，在水温高、吃食旺季、疾病流行季节最易发生这种情况。

3. 密度过高，规格不一

首先是鳅种运输密度过高，装运时间过长，在装运途中，鳅种群体集中挤压，如不能及时处理，泥鳅体表的黏液聚积发酵，使容器中的水温急速上升，泥鳅体表黏液的防御功能遭到破坏，有害致病菌急速感染，往往造成泥鳅入池后数天内大批死亡，有的死亡率高达 100%。其次，是饲养密度过高使泥鳅长时间处在应急状态之下，泥鳅分泌黏液的速度加快，若不及时换水或换水有死角时，同样会引发泥鳅生病死亡。再次，目前泥鳅生产中，不仅放养鳅种密度很高，且鳅种来源不一，大小悬殊，这容易引起互相咬伤而引起细菌或霉菌感染。

4. 投饵不当

投饵过多、不足或突然改变饵料品种，均会导致泥鳅病害发生。投饵量特别是劣质饵料或是新鲜动物饵料过量，易使水质恶化，促使有害病菌大量繁殖。投饵不足时，泥鳅经常处于饥饿状态，泥鳅虽极耐饥饿，完全因饥饿死亡的情况很少，但容易导致互相残食，引起外伤，从而降低抗病能力。泥鳅食性特别，以最开始投喂的饵料为理想食品，习惯以后，如突然改变饵料品种，将导致泥鳅摄食很少或不摄食，单一饵料投喂亦不能满足泥鳅的营养、生长需要，容易引起某种营养成分缺乏，导致泥鳅消瘦乏力，游动缓慢，常常滞留洞外，严重时会引起生病或衰竭而死。

5. 有害物质的进入

随着工农业生产的发展，人口增加，如不注意环境保护，工厂中有毒废水、农田中的农药、生活污水大量流入养殖水体，以及为防治泥鳅疾病而使用过量的药物等，均会引起泥鳅中毒、畸变，甚至不明原因的大批死亡。一般新建水泥池脱碱处理不完全、消毒时过量用药或时间过长、稻田防治病害用药无选择或方法不当，均易引起中毒，或引起富集而影响泥鳅的商品质量。

（二）泥鳅发病过程

泥鳅发病过程不易显化，故一旦病情明显就为时过晚了，这便是人们感到"泥鳅好养，暴病死亡率高"的原因所在。泥鳅发病过程分为三个阶段，弄清这三个阶段有助于疾病的预防和治疗。

1. 潜伏期

病原体作用肌体到症状明显化这个阶段叫潜伏期。泥鳅患各种疾病的潜伏期较一般鱼类要长一些，但也有特殊情况。如烈日下，水面温度高达35℃时，或在浅水池中上下水温均在32℃以上时，其灼伤性皮炎仅在数小时，最多一天左右即可显现，几乎就没有潜伏期；若发生剧烈中毒，数分钟即有反应。潜伏期因生态因子的缓冲力度、病原体特性、数量、肌体状况和环境条件的不同而大有差异。从生态的调整管理上讲，如果生态因子循环和谐（如微生态平衡、溶解氧充足和小气候动态稳定性佳），则许多致病因素可在此阶段化解或大幅度降低。

2. 前驱期

该阶段只有在每天巡塘后对比记录或对比印象中才可感觉到，或得以确认。其特征极不明显，但有异常发现，如泥鳅偏游、飞旋、急蹿或浮于水面不动等。前驱期的时间很短，是必须强力控制的关键时期。由于此时期所表现出的并非某种疾病的显著特征，不易判断出是何种疾病，故而应在加强生态缓冲力度的前提下针对症

状进行净化性平衡调节。

3. 发展期

此阶段疾病已出现典型症状，如发病的高潮期，泥鳅肌体会有明显的功能、代谢或形态上的异常，已到了必须彻底治疗的阶段。

（三）鳅病的诊断

1. 鳅病诊断的原则

目前，鳅病尚难根据泥鳅的各项生理指标进行诊断，大多只能通过病鳅症状和显微镜检查完成。在诊断中应掌握以下几条原则：

（1）判断是否是由于病原体引起的疾病

有些泥鳅出现不正常的现象，并非是由于传染性或者寄生性病原体引起的，可能是由于水体中溶氧量低导致鳅体缺氧、各种有毒物质导致鳅体中毒等。这些非病原体导致的泥鳅不正常或者死亡现象，通常都具有明显不同的症状。

（2）依据疾病发生的季节

泥鳅的繁殖和生长均需要适宜的温度，而饲养水温的变化与季节有关，所以鳅病的发生大多具有明显的季节性。

（3）依据病鳅的外部症状和游动状况

多种传染性疾病均可以导致泥鳅出现相似的外部症状，但是，不同疾病的症状也具有不同之处，而且患有不同疾病的泥鳅也可能表现出特有的游泳状态，如鳃部患病一般均会出现浮头的现象。

（4）依据泥鳅的发育阶段

各种病原体对所寄生的对象具有选择性，而处于不同发育阶段的泥鳅由于其生长环境、形态特征和体内化学物质的组成等均有所不同，对不同病原体的感受性也不一样。

（5）依据疾病发生的地区特征

不同地区的水源、地理环境、气候条件及微生态环境均有所不同，导致不同地区的病原区系也有所不同。对于某一地区特定的饲养条件而言，经常流行的疾病种类并不多，甚至只有1~2种，如果是当地从未发现过的疾病，病鳅也不是从外地引进的，一般都可以不考虑。

2. 鳅病的检查与确诊方法

（1）检查鳅病的工具

对泥鳅疾病进行检查时，需要用到一些器具，可以根据具体情况购置。一般而言，养殖规模较大的泥鳅养殖场，应根据需要配置解剖镜和显微镜等，有条件的还应该配置部分常规的分离、培养、检测病原的设备，以便准确诊断疾病。即使个体水产养殖业者，也应该准备一些常用的解剖器具，如放大镜、解剖剪刀、解剖镊子、解剖盘和温度计等。

（2）检查鳅病的方法

各种鳅病都有其特殊性，但是泥鳅生了病还有其共同特征，主要表现在行动和体色上。一般来说，比较普遍的症状是：早晨巡塘时发现有的病鳅离群在塘边浮在水面缓慢独游，有的病鳅在塘中拥挤成团，或浮在水面游动显得不安的样子，或间断狂游。病鳅体色一般都发黑，有的病鳅体色发白，或部分体表发白等。用于检查疾病的泥鳅最好是既具有典型的病症又尚未死亡的鳅体，死亡时间太久的鳅体一般不适合用作疾病诊断的材料。做鳅病检查时，可以按从头到尾、先体外后体内的顺序进行，发现异常的部位后，进一步检查病原体。有些病原体因为个体较大，肉眼即可以看见，如锚头鳋、鱼鲺等，还有一些病原体个体较小，肉眼难以辨别，需要借助显微镜或者分离培养

病原体，如车轮虫和细菌、病毒性病原体。

①肉眼检查。检查刚死不久或未死亡的病鳅，应对其体色、体形和头部、嘴、眼睛、鳃盖、鳞片、鳍条等仔细观察。一是观察鳅体的体形，注意其体形是瘦弱还是肥硕，体形瘦弱往往与慢性疾病有关，而体形肥硕的鳅体大多患的是急性疾病；鳅体腹部是否臌胀，如出现臌胀，应该查明造成臌胀的原因究竟是什么。此外，还要观察鳅体是否有畸形。注意体表的黏液是否过多，鳞片是否完整，有无充血、发炎、脓肿和溃疡等现象，眼球是否突出，鳍条是否出现蛀蚀，肛门是否红肿外突。二是病鳅的体色除少数正常外，一般都不正常。如体表局部或大部分充血、发炎、鳞片脱落则为赤皮病；尾部发白为白皮病；患传染性肠炎、烂鳃病等的病鳅体色发黑，特别是头部更为明显。三是在病鳅体表上的一些大型病原体，如水霉、线虫、锚头蚤、鱼鲺、钩介幼虫等，凭肉眼很容易看到。如体表布满白色小点状囊泡为白点病；体表有许多形状、大小都不规则的隆起胞囊则为黏孢子虫病；肉眼在体表看到锚头蚤寄生则为锚头蚤病；在鳃丝上看到挂着像蝇蛆一样的小虫时则为中华蚤病；在鳅体表看到丛生着很多像旧的棉絮状的丝状体则为水霉病等。四是观察鳃部，注意观察鳃部的颜色是否正常，黏液是否增多，鳃丝是否出现缺损或者腐烂等。鳃霉病可以根据症状、季节、水质、泥鳅的种类、鳅体大小进行诊断。鳃丝末端腐烂，有黏液、污泥，即为细菌性鳃病；鳃片苍白，略带血红色小点，即为鳃霉病；鳃片黏液较多，即由隐鞭虫、斜管虫、指环虫等寄生引起，鳃部肿大，盖张开，多为中华蚤、双身虫、黏孢子虫孢囊等寄生引起。五是解剖后观察内脏，若是患病鳅比较多，仅凭对鳅体外部的检查结果尚不能确诊，就可以解剖 1~2 尾鳅检查内脏。解剖鳅体的方法是：剪去鳅体一侧的腹壁，从腹腔中取出全部内脏，将肝胰脏、脾脏、肾脏、胆囊、鳔、肠等脏器逐个分离开，逐一检查。注意观察肝胰脏有无淤血、消化道内有无饵料、肾脏的颜色是否正常、

鳔壁上有无充血发红、腹腔内有无腹水等。

②显微镜检查。在肉眼观察的基础上，从体表和体内出现病症的部位，用解剖刀和镊子取少量组织或者黏液，置于载玻片上，加1~2滴清水（从内部脏器上采取的样品应该添加生理盐水），盖上盖玻片，稍稍压平，然后放在显微镜下观察。特别应注意对肉眼观察时有明显病变症状的部位做重点检查。显微镜检查特别有助于对原生动物等微小的寄生虫引起疾病的确诊。

③确诊。根据对鳅体检查的结果，结合各种疾病发生的基本规律，就基本上可以明确疾病发生原因而作出准确诊断了。需要注意的是，当从鳅体上同时检查出两种或者两种以上的病原体时，如果两种病原体是同时感染的，即称为并发症；若是先后感染两种病原体，则将先感染的称为原发性疾病，后感染的称为继发性疾病。对于并发症的治疗应该同时进行，或者选用对两种病原体都有效的药物进行治疗。由于继发性疾病大多是原发性疾病造成鳅体损伤后发生的，对于这种状况，应该找到主次矛盾后依次进行治疗。对于症状明显、病情单一的疾病，凭肉眼观察即可作出准确的诊断。但是，对于症状不明显、病情复杂的疾病，就需要做更详细的检查方可作出准确的诊断。当遇到这种情况时，应该委托当地水产研究部门的专业人员协助诊断。对于症状不明显、无法作出准确诊断时，也可以根据经验采用药物边治疗、边观察，进行试验性治疗，积累经验。

（四）安全用药

进行无公害泥鳅养殖，生产过程应坚持"全面预防、积极治疗"的方针，强调"以防为主、防重于治、防治结合"的原则。所以，在泥鳅养殖生产中应熟悉泥鳅营养需求和养殖生态生理学等知

识，进行科学养殖；熟悉病害发生的原因及常见症状，做到预先防范，在生产的不同阶段适当使用药物进行防治，这样可有效降低或防止在水体交换、亲本和苗种流通等过程中病害的扩散，使初发病害得到及时治疗和控制。

许多药物犹如双刃剑，一方面具有有利作用，另一方面则有不利影响，如对养殖对象本身的毒害，可能产生二重感染、产生抗药性、对环境产生污染、通过水产动物积累对人体产生有害作用等。所以进行无公害养殖生产应尽量减少用药，逐步以生物制剂替代化学药物，以生态养殖防病替代使用药物，进行良种选育和提高免疫力等。在必须用药时应严格遵照国家规定《无公害食品 渔用药物使用准则》（NY5071—2002）。

养殖过程中认真执行《无公害食品 水产品中渔药残留限量》（NY5070—2002）、《无公害食品 渔用配合饲料安全限量》（NY5072—2002），并关注无公害水产品养殖技术和要求及其国内外有关药物使用的规定及其允许残留标准，不断发展和提高养殖防病技术。

（五）鳅病的综合预防

水产动物病害发生是由于其生存环境、病原体存在及水产动物自身体质三个方面相互协同作用而引起的。水质、底质是其生存的主要环境。环境不适、投饵不足或营养成分不平衡，会使水产动物体质下降，投饵过量又会引起水质、底质恶化。环境恶化又使其食欲减退，体质下降，病原体也容易繁衍，这样便将引起病害发生。如不及时对症治疗，就会引起病害蔓延。病害防治的原则是以防为主，选好苗种，坚持"四定""四消"；采用生态养殖、生态防病；尽量使用生物制剂，做好管理工作；治疗上做到早发现，针对性早治疗等，以免经济损失。

养殖泥鳅的水域一般较浅，且多为静水，所以水质容易恶化。在防病方面应注意科学合理投饵、施肥，放养密度要恰当，经常加注新水，保持水质"肥、活、爽"。如是外购苗种，要做到预先消毒防病、剔除病弱苗种。稻田养殖时，防止药、肥伤害。泥鳅的病害预防是生产性养殖的重要环节，而泥鳅所处生态环境的全息动态平衡则是病害预防的重要基础。

1. 控制和消灭病原体

（1）使用无病原污染的水源和用水系统

水源及用水系统是泥鳅养殖疾病病原传入和扩散的第一途径，因此，在建造养殖场前，应对水源进行周密考察。养殖用水应先引入蓄水池，经净化、沉淀或消毒后再灌入养殖池。用水系统应是每个养殖池有独立的进水和排水管道。

（2）做好池塘清淤和消毒

池塘清淤消毒是预防疾病和减少流行病暴发的重要措施，清除的淤泥要运到原离原池塘的地方。土池放养泥鳅前 8~10 天用生石灰 150~200 克 / 米³ 消毒，再注入新水。水泥池使用前用清水将池子洗刷干净，曝晒 4~5 天，然后用三氯异氰尿酸钠 5~10 克 / 米³ 消毒液全池泼洒消毒，24 小时后将消毒液排净，并加入新水深 50~70 厘米，10 天后放养泥鳅苗种。

（3）强化疫病检测

应做好泥鳅输入和运出的疫病检测工作，防止病原的传播和流行。应掌握泥鳅疾病的病原种类和区系，了解病原体对泥鳅感染、侵害的地区性、季节性及危害程度，以便及时采取相应控制措施。

（4）建立隔离制度

一旦发生疫情，首先采取严格的隔离措施。对已发病地区实行

封闭，发病池塘中的泥鳅不得向其他池塘和地区转移，不得排放池水，用具未经消毒不得在其他池塘使用。专业人员要勤于清除发病死亡泥鳅尸体，及时掩埋或销毁。对发病泥鳅及时作出诊断，确定防治对策。

（5）实施消毒

泥鳅苗种下塘前用 3%~5% 食盐水消毒 3~5 分钟或用 15~20 毫克/升的高锰酸钾溶液消毒 5~10 分钟，具体消毒时间可根据水温和鳅种的耐受程度适当调整。各种养殖用具，如网具、塑料和木制工具应该一池专用。工具数量不足时，可用 50 毫克/升的含氯石灰浸泡 5 分钟，然后以清水冲洗干净再使用，也可每次使用完后，置于太阳下晒干再使用。如投喂鲜活饵料，均应以 100~200 毫克/升含氯石灰消毒 5 分钟，然后用清水冲洗干净后再投喂。泥鳅吃食后，应及时对食场进行清扫，并在疾病流行季节每隔 1~2 周消毒食场一次。

（6）药物预防

平时通过外用药物与内服中药饵预防鳅病。每半个月用稳定型二氧化氯溶液全池泼洒 1 次，用量为 70 000 倍液；每半个月投喂一疗程药饵，按泥鳅体重的 0.2% 拌入大蒜素或 1%~3% 添加大蒜泥，连用 4~5 天。

（7）合理放养

一是放养密度要合理，放养规格要一致，不同规格的泥鳅不要混养。一般每平方米放养 1 厘米的水花 500~1 000 尾，3~4 厘米的夏花 200~250 尾，5 厘米以上的鳅种 100~150 尾。二是混养的不同种类搭配要合理。混养不仅具有提高单位水体效益和促进生态平衡的功能，而且具有保持养殖水体正常菌群、调节微生态平衡、预防传染病流行的作用。实践中，可放养一些鲢鱼和鳙鱼等滤食性鱼类，以起到净化水质的作用。每亩放养 30~50 克/尾的鲢鱼种 200~300 尾和鳙鱼种 30~50 尾。

2. 科学管水和用水

维持良好的水质不仅是泥鳅生存的需要，也是使泥鳅处在最适宜条件下生长和抵抗病原生物侵袭的需要。通过对水质各参数的检测，了解其动态变化，及时进行调节，纠正那些不利于泥鳅生长和影响其免疫力的各种因素。一般来说，必须监测的主要水质参数有pH、溶解氧、温度、盐度、透明度、总氨氮、亚硝基氮和硝基氮、硫化氢及检测优势生物的种类和数量、异养菌的种类和数量。

（1）水温控制

泥鳅的适宜生长水温为15~30℃，最适生长水温为25~27℃，当夏季水温超过30℃，冬季水温低于5℃，泥鳅会潜伏到10~30厘米的泥中呈休眠状态。为了避免夏季水温过高，应采取加注新水、提高水生植物覆盖面积、搭建遮阳棚等防暑措施。当水温低于5℃时，应采取提高水位、搭建塑料棚或放干池水后在泥土上铺盖稻草等防寒措施，使泥鳅安全越冬。

（2）水质管理

泥鳅池要有完善的排灌设备，鱼池的一端设一个进水口，另一端（或对角线位置）设出水口，出水口的深度要低于进水口，这样加水时可使水由上而下流动，有利于更换新水，增加水中的溶解氧。养殖泥鳅的水质要保持"肥、活、爽"，pH为7~7.5，溶解氧保持在3毫克/升以上，池水体透明度保持在20~30厘米，水色为黄绿色，在这样的水质中，氧气充足，饵料丰富，泥鳅病害少，生长快。

养殖期间要经常观察水质变化，如发现水质异常，要通过换水或开动增氧机来调节水质。换水频率春、秋季每7~10天换水10~15厘米，夏季高温季节高产池塘每天换掉约1/10的水体，在雷雨、闷热天气更要勤注新水，加大换水量，但要注意换水量不要超

过池水量的一半。如发现泥鳅频繁蹿出水面呼吸空气，说明水中缺氧，应及时加注新水或开启增氧机增氧。

（3）种植水生植物

通过种植水花生、水葫芦、慈姑等，在夏季高温季节可避免水温过高，水生植物还可吸收水中营养物质，防止水质过肥，根部是一些底栖生物的繁殖场所，为泥鳅提供天然饵料。水生植物种植面积约占水面面积的10%左右为宜。

（4）合理施肥

施肥的作用主要是增加池水中的营养物质，使浮游生物迅速生长繁殖，给泥鳅提供充足的天然饵料和促进光合作用。施肥不得法，也会恶化水质，使泥鳅生病。因此在施足基肥的基础上，追肥应掌握"及时、少施、勤施"的原则，且追肥应以发酵过的粪水或混合堆肥的浆汁为佳，或追施化学肥料。

（5）适时适量使用环境保护剂

环境保护剂能够改善和优化养殖水体的环境，并能促进泥鳅正常生长、发育和维护其健康。在水源条件较差的养殖池塘或养殖区内及集约化养殖系统中，由于残饵、粪便和其他有机碎屑等对池塘底质、水质产生不良影响，甚至积蓄有毒物质，适时适量使用环境保护剂，可以起到净化水质、抑制有害物质、补充氧气、抑制有效细菌繁殖、促进有益藻类稳定生长等有益作用。在产业化生产中，通常在养殖的中、后期根据养殖池塘底质、水质情况每月使用1~2次环境保护剂，常用的有生石灰、沸石、过氧化钙等。

3. 提高泥鳅群体的免疫力和抵抗力

（1）选育抗病力强的养殖品种

要想达到预防或减少泥鳅疾病的发生，应利用个体和种类的差异，挑选和培育抗病力强的品种，以达到预防或减少泥鳅疾病发生的目的。

（2）培育或放养健壮的苗种

放养的泥鳅苗种要求体质健壮、大小一致、无伤无病、游动活泼。放养前要对苗种进行筛选，一是把不同规格泥鳅经筛选分开，二是去除病鳅和残鳅。另外，要注意避免使用电捕、药捕的泥鳅种，否则泥鳅下塘后死亡率会很高。

（3）科学投喂

一般水温10℃时泥鳅开始摄食，水温15℃时摄食量增加，水温24~27℃时摄食旺盛，高于30℃时或低于10℃时基本不摄食，要停止投喂。泥鳅投喂时要做到"四定"，即定时、定量、定点、定质。定时：泥鳅有2个摄食高峰，7：00—10：00和16：00—18：00，人工投喂时要根据该特性进行。一般每天投喂3次，时间为9：00、14：00、18：00左右，下午最后1次投喂量可多些，占全天投喂量的40%，在7—8月泥鳅生长旺季，20：00—21：00可增加一次投喂，但晚上投喂量不要超过当天投喂量的1/4。定量：8厘米以下泥鳅的饲料投喂量占泥鳅总体重的4%，8厘米以上泥鳅饲料投喂量占泥鳅总体重的3%，每次投喂以泥鳅吃到八成饱为宜，投喂时要注意的是泥鳅贪食，动物性饲料不易单独投喂，否则容易造成泥鳅消化不良，肠呼吸不正常"胀气"而死亡。定点：面积小一点的池塘可设多个活动饲料台实行定点投喂，把饲料均匀放入饲料台内，这种投喂方法便于观察泥鳅的吃食情况，及时调整投喂量，减少饲料浪费和水质污染；面积大一点的池塘可采用投饵机投喂，也可采用人工全池遍洒法投喂，这样可使泥鳅均匀摄食，不至于使泥鳅规格悬殊太大。定质：所投喂的饲料要保证原料新鲜、无霉变、营养全面，符合泥鳅生长需求，蛋白质含量达到30%以上，不得在饲料中添加国家规定禁止使用的药物和添加剂，也不能在饲料中长期加入抗生素。

 泥鳅生态养殖技术

（4）加强日常管理

注意操作，防止鳅体受伤。要坚持每天巡塘，观察泥鳅动态、池水变化及其他情况，发现问题及时解决；要注意泥鳅池环境卫生，勤除池边杂草、敌害及中间寄主，及时捞出残饵和死鳅；要定期清理及消毒食场。

（5）安全越冬

泥鳅在越冬前必须做好育肥工作，越冬期要做好防寒、保温工作。越冬前要加强饲养管理，投喂营养丰富的饲料，其中动、植物饲料比为 6：4，以增加泥鳅体质，使之安全越冬。泥鳅在越冬期要使池塘底质保持 30~50 厘米淤泥层，同时要加深水位保持池水水深为 1.5~2 米，水温为 2~10℃。由于泥鳅钻入底泥的密度较大，需要溶解氧仍然很大，因此要防止水面结冰，一旦结冰，则须随时敲破，以免造成泥鳅生命危险。

（6）正确运输

大批量运输泥鳅的时候常常会出现死亡和大量患病的情况，原因一是运输时容易缺氧；二是在运输过程中水温差过大导致泥鳅患病。因此在运输过程中密度不要过大，采取加水和降温措施，不要使水温差超过 3℃。

（7）降低应激反应

人为因素如水污染、投饵的技术方法不当，自然因素如暴雨、高温等，常易引起泥鳅的应激反应。通常，在比较缓和的应激原作用下，泥鳅可通过调节机体的代谢和生理机能逐渐适应，达到一个新的平衡状态。但是，如果应激原过于强烈，或持续的时间过长，泥鳅就会因为能量消耗过大，机体抵抗力下降，成为水中某些病原生物侵袭的对象，最终引起疾病的感染甚至暴发。因此，有必要在养殖系统中创造条件降低应激原的强度和持续时间。

（六）泥鳅常见细菌性疾病的防治

1. 白尾病

（1）病原

柱状嗜纤维菌属纤维黏菌科。体长而柔韧，菌落黄色，呈扩散状，中央厚，显色深，四周显色浅，呈扩散假根状。生长温度5~37℃，最适温度28℃；含氯化钠0.6%以上的载体不生长；pH 6.5~8均能生长，pH 8.5时则受抑制；具好气性；不分解琼脂、纤维素和几丁质；细胞无鞘。

（2）流行情况

每年6—8月为其流行时段，主要表现在夏花分塘前后。当夏花有大量车轮虫等原生动物侵害寄生鳅体受伤时，很快便被病原菌所感染，继而流行。该病原菌主要危害鳙鱼、草鱼和青鱼，但泥鳅夏花也极易感染，特别是在曾有过鳙鱼、草鱼等发病史的鱼池。泥鳅夏花感染后发展期极短，全程仅2天时间，等到发现往往有60%以上已濒临死亡。

（3）症状

初期，鳅苗尾柄部位灰白，随后扩展至背鳍基部后面的全部体表，并由灰白色转为白色；鳅苗头朝下，尾朝上，垂直于水面挣扎，严重者尾鳍部分或全部烂掉，随即死亡。镜检时发现有大量杆菌，并伴有鳃部溃烂症状。采用检测柱状嗜纤维菌的方法即可确诊。

（4）防治方法

①将八黄散加入25倍的0.3%氨水中浸泡提效，连汁带渣全池泼洒，使水体浓度为3毫克/升。在病情初期使用效果极佳。

②将1千克干乌桕叶（合4千克鲜品）加入20倍质量的2%

生石灰水中浸泡 24 小时，再煮 10 分钟，连汁带渣全池泼洒，使池水浓度为 3.7 毫克 / 升。

③将病虫净加入 17 倍质量的 2% 生石灰水浸泡 36 小时，再稍煮 5 分钟提效后滤汁全池泼洒，其水体浓度为 3 毫克 / 升。此剂为综合性中草药，效果极佳，一般 1 次即可见效。

④漂白粉（有效氯 30%）溶于水，全池泼洒，水体浓度为 1 毫克 / 升。待 4~6 小时之后，再泼洒五倍子浸泡液（磨碎后开水浸泡），水体浓度为 3 毫克 / 升，以促使病灶迅速愈合。

⑤用含 30% 有效氯的漂白粉溶于水，全池泼洒，水体浓度为 1 毫克 / 升。

⑥每千克饵料中添加土霉素 1.5~2 克饲喂，每天 2 次，连喂 3~4 天。

2. 水霉病

（1）病原

水霉病又称肤霉病，水霉菌寄生。在我国淡水水产动物的体表及卵上已发现的水霉菌共有 10 多种，最常见的有水霉和绵霉两个属的种类，属水霉科。菌丝管形，是无横隔的多核体。一端似根系，分枝多、纤细，深入水产动物损伤处及坏死皮肤和肌肉的称为内菌丝，具有吸收营养的功能。伸出体外的叫外菌丝，分枝少，其长度可达 3 厘米，簇拥而形成肉眼能见的灰白色棉絮状物。当环境条件不良时，外菌丝尖端膨大成棍棒状，同时其内积聚稠密的原生质，并生长出横壁与其余部分分隔，构成抵抗恶劣因素的厚垣孢子。有时在一根菌丝上反复进行数次分隔，形成一串念珠状厚垣孢子，当环境适宜时，厚垣孢子就萌发成菌丝或形成动孢子囊。

（2）流行情况

由于水霉菌对温度的适应范围宽，5~26℃均能生长繁殖，故而国内外均有流行。其最适繁殖水温是13~18℃，常常在春、秋季节或冬季深层底泥中繁殖。该菌对水产动物没有选择性，只要皮肤有创伤即可被感染。在动物尸体上水霉菌繁殖特别快，具有与陆上真菌同样的腐生性。

（3）症状

此病大多因鳅体受伤，霉菌孢子在伤口繁殖，并侵入机体组织，肉眼可以看到发病处簇生白色或灰色棉絮状物。病鳅游动迟缓，食欲减退或消失，最后衰弱致死。在孵化季节流行，能引起大批受精卵死亡。早春收捕泥鳅或清理无水鳅池时，常发现池底的湿泥中所藏泥鳅浑身长满白毛，说明该池水霉菌多，且具备了一定的繁殖条件。

（4）防治方法

水霉菌往往在受伤部位寄生繁衍，所以在运输、投放、捕捞、饲养过程中，尽量避免鳅体受伤。

①苗种下塘前用0.3毫克/升的灭毒净或3%食盐溶液浸洗消毒。

②用0.04%小苏打和食盐以1：1的比例配成混合液全池洒。

③每亩水面用菖蒲2.5~5千克、食盐0.5~1千克打成浆，加入尿素2~5千克，全池泼洒。

④五倍子捣烂在温水中完全溶化，全池泼洒，水体浓度为4毫克/升。

⑤每亩水面用桐树叶或芝麻秆10千克，扎成小捆放入池中。

⑥泥鳅感染时用0.04%小苏打和食盐混合液全池泼洒。

3. 烂鳍病

（1）病原

短杆菌感染。

（2）症状

病鳅的鳍、腹部及肛门周围充血、溃烂，严重时背鳍、尾鳍及胸鳍发白并烂掉，鳅体两侧自头部到尾部浮肿并有红斑。该病为细菌感染，在夏季易流行。

（3）防治方法

①用聚维酮碘（含有效氯1%）溶液全池泼洒，浓度为0.3~0.5毫克/升。

②用氯杀宁溶液全池泼洒，浓度为0.2~0.3毫克/升，每天1次，连用1~2天。

③3%~5%土霉素溶液浸洗10~15分钟，每天1次，连用2天见效，5天即愈。

4. 赤皮病

（1）病原

荧光假单胞菌，属假单胞菌科。菌体短杆状，两端圆形，菌体染色均匀，革兰氏阴性，无芽孢。于琼脂培养基上菌落呈圆形，灰白色，20小时左右后呈现绿色或黄绿色，并弥漫培养基。生长适宜温度为25~30℃，40℃尚能生长，55℃时半小时即死亡。

（2）流行情况

该菌是条件致病菌，体表皮无损伤时，该菌无法侵害皮肤。其传染源是该菌污染的水体、工具和带菌鱼类。鲤科等家鱼及多种淡水鱼易感染，一年四季流行。泥鳅感染主要在高温季节，水温越高，感染越严重，体表寄生虫越多，感染后死亡率越高。

（3）症状

体表局部或大部分出血发炎，尤其是鳅体两侧及腹部最为明显；整个鳍条基部充血，鳍条末端腐烂，鳍间组织破坏，常有缺失，鳍条间软组织多有肿胀，甚至脱落呈梳齿状，并继发感染水霉病。病鳅时常平游，浮于水面，动作呆滞、缓慢，反应迟钝，死亡率高达 80% 以上。此病通常因捕获不当、长途运输等使鳅体受伤或因水质恶化引起。

（4）防治方法

①尽量要减少泥鳅的擦伤和受伤。

②用 0.1~0.3 毫克 / 升的溴氯海因全池泼洒。

③用聚维酮碘（含有效氯 1%）溶液全池泼洒，浓度为 0.3~0.5 毫克 / 升。

④鲜蟾酥 10 克，于凉水中搅拌均匀，全池泼洒，每 10 克可用于 20 米³ 水体，每 3 天 1 次，可见效。

5. 打印病

（1）病原

打印病又称腐皮病。病原为点状气单胞菌点状亚种，是一种水生细菌，属条件致病菌，革兰氏阴性短杆菌。生长适宜温度 28℃ 左右，65℃ 时半小时死亡，pH 3~11 均可生长。

（2）流行情况

全国各地都有流行，一年四季均可发生，以夏、秋季最为严重。如果水温偏高，发病率可高达 80% 以上，并在治而不愈的情况下引发病鳅逐渐死亡。

（3）症状

病灶主要发生在泥鳅腹部以后和腹侧，病灶处呈圆形红斑，随即坏死腐烂，露出白色真皮，四周皮肤充血发炎，形成鲜明轮廓，进而病灶扩大加深，形成溃疡，甚至露出骨骼或内脏。

（4）防治方法

①同赤皮病的治疗方法。

②电子消毒器开机 1 小时，每天 2 次，连续 3 天可见效。

③如发病在成鳅池内可投放蟾蜍，每 10 米² 投放 2 只，可大幅度控制发病率和死亡率。

④对于亲鳅，可以捕起用"5409"融合菌液浸洗。

6. 细菌性肠炎

（1）病原

肠型点状气单胞菌，属弧菌科，革兰氏阴性短杆菌。在 pH 6~12 的载体中均能生长，生长适宜温度为 25℃，60℃半小时死亡。

（2）流行情况

水温 18℃时开始流行，25~30℃时是发病高峰期，全国各地均有发生，是我国危害鱼类最主要的疾病之一。此病常与细菌性烂鳃病、赤皮病并发，其死亡率可高达 90% 以上。该菌为条件致病菌，一般鱼类肠道中均有此菌，但仅占 0.5% 左右，不是优势菌，故不发病。当出现水体恶化、溶解氧低、氨氮含量偏高及饲料变质和鱼体质下降时，该菌即在大肠中繁殖扩散，以致发病。

（3）症状

病鳅肛口红肿，有黄色黏液溢出。肠内无食物或后段肠有少量食物和消化废物，肠壁充血呈红色，严重时呈紫红色。病鳅常离群独游，动作迟缓、呆滞，体表无光泽，不摄食，最后沉入池底死亡或窒息而亡。

（4）防治方法

肠型点状气单胞菌在水体及底质中常大量存在，生态功能运行良好时，不会致病，一旦生态功能运行滞后或部分停止，该菌便进入优势状态，以致暴发致病。所以，该病的重点是预防，在预防的基础上进行治疗才具有事半功倍的效果。

预防或发病初期选用下列方法。

①全池遍洒二十万分之一浓度的微生物净水剂，每周 1 次。

②开启电子消毒器，每天 2 次，每次 1.5 小时，连续 3 天。开启时间应在泼洒微生物净水剂前。同时投入过氧化钙，水体浓度为 20 毫克 / 升。该措施在发病初期具有特效。

③用 50 毫升的高度白酒浸泡大蒜素 5 克 3~7 天，待酒液中含有浓郁的大蒜素味后，拌入经电子消毒器消毒过的 10 千克蚯蚓浆或 4 千克精饲料中投喂，连喂 3 天。

④每 100 千克泥鳅每天用干粉状地锦草、马齿苋、辣蓼各 500 克、食盐 200 克拌饲料投喂，分上、下午 2 次投喂，连喂 3 天。

病情严重时可按下列方法治疗。

外用药：同赤皮病的治疗方法。

内服药：可选用下列一种方法。

①每 100 千克泥鳅每天用 3 千克鱼泰 2 号拌饲料投喂，上、下午各 1 次，连喂 3~5 天。

②每 100 千克泥鳅每天用 10 克肠炎灵拌饲料投喂，上、下午各 1 次，连喂 3~5 天。

③每 100 千克泥鳅每天用 20 克 U2 蜂胶复合剂拌饲料投喂，上、下午各 1 次，连喂 3~5 天，一个疗程可愈。

④每 100 千克泥鳅每天用 2~10 克磺胺嘧啶拌饲料投喂，上、下午各 1 次，连喂 3~6 天。

（七）泥鳅寄生虫疾病的防治

1. 锥体虫病

（1）病原

锥体虫属动基体目，锥体科，虫体狭长，一般为 10~100 微米，两端尖细，有鞭毛。寄生于鱼类的锥体虫已有近百种，常寄生于鱼的血液中，采用纵二分裂法进行繁殖。

（2）流行情况

全国各地均有发生。其繁殖扩散与水域中尺蠖鱼蛭等蛭类有关。尺蠖鱼蛭吸食病鳅血液后，锥体虫随泥鳅血液进入蛭的消化道，进行大量繁殖。当蛭再吸食泥鳅血液时，便将锥体虫传给另一条泥鳅。多种鱼类都会感染，其危害一般不大，但由于泥鳅极易遭蛭袭击，加之蛭有寄生于泥鳅这类冬季入泥的鱼类借以保温的习惯，故而长期遭袭击的可能性高于其他鱼类，所以务必加倍防范。

（3）防治方法

①诱杀尺蠖鱼蛭，消灭其寄主。

②保持水体微生态平衡，使水质符合渔业水质标准。

2. 隐鞭虫病

（1）病原

隐鞭虫属动基体目，波豆科。在我国危害最大的有鳃隐鞭虫及颤动隐鞭虫两种，对泥鳅造成危害的主要是鳃隐鞭虫。鳃隐鞭虫虫体呈柳叶形，长有 2 根鞭毛。

（2）流行情况

鳃隐鞭虫寄生于泥鳅的鳃部、鼻腔、皮肤，我国长江中下游地区及东北等地均有发生，曾造成草鱼夏花大批死亡。试验发现，在泥鳅池中投放少量的草鱼夏花，能很好地避免泥鳅及其幼苗感染。鳃隐鞭虫离开寄主后，在水中只可生活 1~2 天，这一特征对控制泥鳅感染具有重要意义。

（3）症状

早期没有明显症状，镜检发现虫体，鳃部少量充血。后期严重时，病鳅行动呆滞，常浮于水面，呼吸急促，食欲大减；鳅体暗淡无光，浑身有较厚重的黏液，鳃部突起，黏液有胶质感，最后僵硬而死。

（4）防治方法

①全池泼洒硫酸铜水溶液，水体浓度为 0.7 毫克／升。

②全池泼洒硫酸铜与硫酸亚铁合剂（5：2）溶液，水体浓度为 0.7 毫克／升。上述 2 种方法用药前最好做一小试验，以取得的最低浓度的用药量，从而确保安全。

3. 车轮虫病

（1）病原

车轮虫属缘毛目，游动亚目，壶形科。车轮虫外观似毡帽，直径约 50 微米。在生长适宜温度 22~29℃时采用纵二分裂和接合生殖。

（2）流行情况

车轮虫主要寄生于各种鱼类的鳃及体表，有时在鼻孔、鳍根、膀胱、输尿管、泄殖孔等处也有寄生。近年，在泥鳅的中、小苗培育中常有发现，并能造成大量死亡。车轮虫病全国各地一年四季都有发生，通过媒介和直接接触而感染。车轮虫在水中只能生活 1~2 天，故通过水的长距离传播几乎是不可能的。

（3）症状

被感染的鳅苗常出现白斑，甚至大面积变白，游动呆滞、缓慢，呼吸吃力，直至沉于池底而死。刚孵出不久的鳅苗感染严重时，苗群集体沿池边绕游，行动怪异，神经质地狂摆、跃动，直至鳃部充血、皮肤溃烂而死。

（4）防治方法

①全池泼洒病虫净，用量同赤皮病。

②病虫净 1 份，加苦楝根（鲜品）3 份，温水浸泡 36~72 小

时，取其液全池泼洒，水体浓度为 5 克 / 升。

③降低水位后全池泼洒福尔马林溶液，水体浓度为 25 毫克 / 升。半小时之后，视鳅苗耐受力及车轮虫脱离寄主情况加满池水，1 小时之后再更换新水。

4. 三代虫病

（1）病原

三代虫属三代虫科，虫体呈纺锤形，胎生，且三代同体生，故而叫三代虫，有时甚至可见到第四代。主要寄生于鱼类的皮肤、鳍、鳃及口腔。

（2）流行情况

全国均有分布，湖北、广东最为严重。春季和初夏为繁殖高峰，繁殖适宜温度为 20℃左右。对泥鳅小苗的危害近年才发现，一旦感染可造成极高的死亡率，甚至全池死亡。

（3）症状

鳅苗体表无光泽，游态蹒跚，无争食现象或根本不近食台，常浮水呼吸，镜检可观察到虫体在寄主体表作蛭状蠕动。

（4）防治方法

①用 15 毫克 / 升高锰酸钾水溶液药浴鳅苗，杀死苗体寄生虫体。

②用 5 毫克 / 升的晶体敌百虫、面碱合剂（1：0.6）药浴鳅苗 15 分钟，以杀死虫体。

③全池泼洒晶体敌百虫，水体浓度 0.3~0.7 毫克 / 升。

④全池泼洒晶体敌百虫、面碱合剂（1：0.6），水体浓度 0.1~0.3 毫克 / 升。

5. 侧殖吸虫病

（1）病原

侧殖吸虫虫体小，椭圆形，体表披棘。该虫中间寄主为湖螺、田螺和旋纹螺。尾蚴可于螺体内发育成囊蚴。尾蚴可移行，常聚集在螺类触角上，如被鱼苗吞食，即可逾越囊蚴期继续其发育过程。

（2）流行情况

全国均有流行。其终寄主之中，泥鳅是主要寄主，但其危害不严重，未见感染泥鳅极度衰弱而死亡。

（3）症状

俗称的"闭口病"即是侧殖吸虫病。被感染泥鳅生长停滞，解剖后可见大量吸虫于前肠部位，肠内无食。

（4）防治方法

①清塘，彻底消毒底泥。

②消灭或消毒螺类。

6. 舌杯虫病

（1）病原

舌杯虫侵入鳃或皮肤。

（2）症状

附着泥鳅鳃或皮肤时，平时取食周围水中食物，对寄主组织没有破坏作用，感染程度不高时危害不大。如果与车轮虫并发或大量发生时，能引起泥鳅死亡。对幼苗，特别是1.5~2厘米的鳅苗，大量寄生时妨碍正常呼吸，严重时使鳅苗死亡。一年四季都可出现，以夏、秋季较为普遍。

（3）防治方法

①流行季节用硫酸铜和硫酸亚铁合剂挂袋。

②放养前用浓度为 8 毫克 / 升的硫酸铜溶液浸洗鳅种 15~20 分钟。

③用 0.7 毫克 / 升硫酸铜、硫酸亚铁合剂全池泼洒。

7. 小瓜虫病

（1）病原体

多子小瓜虫寄生。

（2）症状

肉眼观察，病鳅在皮肤、鳃、鳍上布有白点状孢囊。

（3）防治方法

病鳅用浓度为 15~20 毫克 / 升福尔马林，隔天一次全池泼洒，直至控制病情。或以生姜和辣椒汁混合剂治疗。

（八）泥鳅其他疾病的防治

1. 病毒性疾病

对于泥鳅而言，很少患病毒性疾病，这与泥鳅对环境的特化性所强化的抗体有关。近年来，已在湖南汉寿县、湖北洪湖市发现了泥鳅病毒性疾病。

（1）病原

疱疹病毒于 1985 年定名鲤疱疹病毒，大小为 190 纳米 ±27 纳米，对乙醚及热不稳定，可在鲤科鱼类的皮肤上皮细胞上生长。繁殖适宜温度 15~20℃，被感染细胞显示染色质边缘化，5 天左右病灶空泡化，核固缩，并逐步脱落。

（2）流行情况

该病源于欧洲，现已波及东南亚各国及我国上海、湖北、湖南、云南等地。最先危害鲤科鱼类，1998 年早春首次发现泥鳅患此病。发病时的水温 10~16℃，水温升高时可自愈。通过接触传染，蛭类可能是传播媒介。

（3）症状

早期全身体表出现小斑点，随即凸起增大，其形状、大小各异，有的连体成片。凸起 0.5~5 毫米；体表由光滑变得粗糙，白蜡质感，颜色随病灶部位颜色而变；泄殖孔呈淡红色；增生物不侵入表基，不转移。病情至发展期就很难治愈，但如果突遇气温转暖即表现出自愈趋势。

（4）防治方法

①引种检疫，必要时分离培养，以便引种时取舍。

②适当提高水温，即早春浅水饲养或支棚罩膜饲养。

③对专育亲鳅可肌肉注射左旋体氯霉素治疗，每尾 0.5 毫克，同时配成 0.2 毫克 / 升的水溶液药浴。如第 3 天病情有好转，再行药浴 1 次，1 周之后可见效。

2. 鳃霉病

（1）病原

鳃霉，常寄生于泥鳅幼苗鳃缘，菌丝较粗直，分枝远不如水霉菌多，常为单枝生长，未发现内菌丝"根系"。

（2）流行情况

我国多省有流行，一般 5—10 月流行，5—7 月最重。夏季水体环境恶化时极易感染，曾有 5 天之内使 90% 的幼苗感染而死亡的记录。

（3）症状

鳅苗全部浮上水面，呼吸急促，代谢紊乱，几乎停滞，鳃边出血，黏液浓稠并突出，镜检发现黏液内有大量鳃霉菌。

（4）治疗方法

①改静止池水为新鲜水微流循环，并使水体保持较高溶解氧。

②生石灰 6 份，过氧化钙 2 份，混合后全池泼洒，水体浓度为 25 毫克 / 升。

③全池泼洒二十万分之一的微生物净水剂。

3. 气泡病

（1）病因

为水中溶解氧不足或含气体过多。

（2）症状

表现为泥鳅吞吸气泡，浮于水面不能下潜，腹部胀气，苗期易发生。

（3）防治方法

合理投饵，防止水质恶化。发病后立即加注新水，并用食盐化水泼洒，每亩水面用量为 4~6 千克。

4. 自身红环病

（1）病因

捕捉后长时间流水蓄养所致。

（2）症状

病泥鳅身体和鳍呈灰白色，同时身体上出现红色环。

（3）防治方法

放养前，用万分之一的高锰酸钾溶液浸洗。一旦发现此病，应立即将病泥鳅换到池塘中放养。